全国技工院校数控加工类专业通用教材（中级技能层级）

数控车床编程与操作

（FANUC 系统）（第二版）

人力资源社会保障部教材办公室组织编写

中国劳动社会保障出版社

简介

本书主要内容包括：数控车削编程基础、数控车床的基本操作和维护与保养、数控车床仿真加工、外轮廓加工、槽类零件加工、螺纹加工、内轮廓加工、技能操作综合训练等。

本书由陈亚岗主编，徐国权任副主编，陆建军、许洪伟、郝瑞友、纪传军参加编写，崔兆华审稿。

图书在版编目(CIP)数据

数控车床编程与操作：FANUC 系统 / 人力资源社会保障部教材办公室组织编写. -- 2 版. -- 北京：中国劳动社会保障出版社，2020

全国技工院校数控加工类专业通用教材. 中级技能层级

ISBN 978 - 7 - 5167 - 4212 - 9

Ⅰ. ①数… Ⅱ. ①人… Ⅲ. ①数控机床-车床-程序设计-技工学校-教材②数控机床-车床-操作-技工学校-教材 Ⅳ. ①TG519. 1

中国版本图书馆 CIP 数据核字(2019)第 251333 号

中国劳动社会保障出版社出版发行

(北京市惠新东街 1 号 邮政编码：100029)

出 版 人：张梦欣

*

北京市科星印刷有限责任公司印刷装订 新华书店经销

787 毫米×1092 毫米 16 开本 13.75 印张 308 千字

2020 年 1 月第 2 版 2025 年 1 月第 8 次印刷

定价：27. 00 元

营销中心电话：400-606-6496

出版社网址：http://www.class.com.cn

http://jg.class.com.cn

前言

为了更好地适应全国技工院校数控加工类专业的教学要求，全面提升教学质量，人力资源社会保障部教材办公室组织有关学校的一线教师和行业、企业专家，在充分调研企业生产和学校教学情况、广泛听取教师对教材使用反馈意见的基础上，对全国技工院校数控加工类专业中级阶段通用教材进行了修订。

教材体系

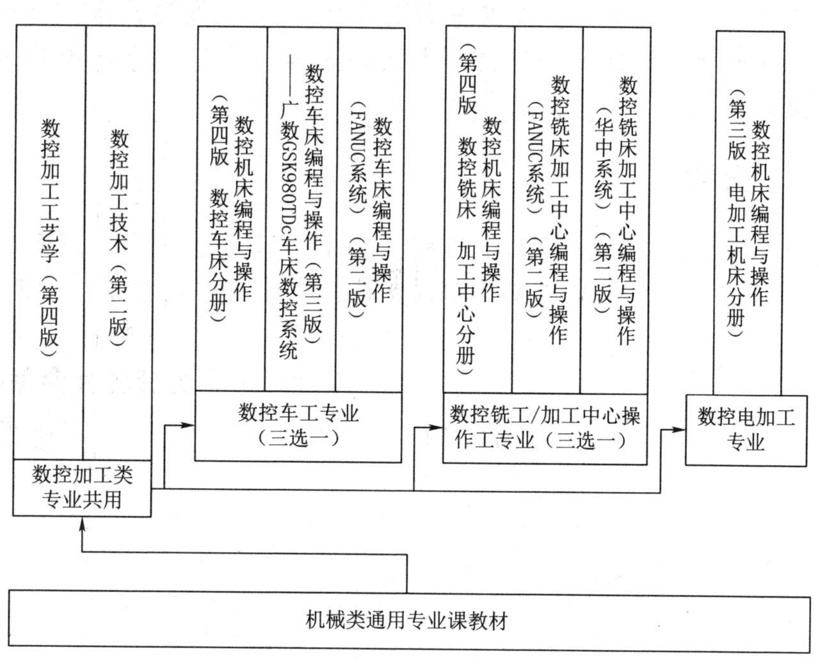

编写特色

◆ 紧贴教学实际情况　根据数控加工类专业毕业生所从事岗位的实际需要和教学实际情况的变化，合理确定学生应具备的能力与知识结构，对部分教材内容及其深度、难度做了适当调整；充分考虑教材的适用性，选择当今数控教学中广泛使用的数控系统。

◆ 体现行业技术发展　根据相关专业领域的最新发展，在教材中充实新知识、新技术、新设备、新材料等方面的内容，体现教材的先进性。

◆ 更新国家技术标准　采用最新的国家技术标准，使教材内容更加科学和规范。

◆ 符合学生阅读习惯　在教材内容的呈现形式上，较多地利用图片、实物照片和表格等形式将知识点生动地展示出来，力求让学生更直观地理解和掌握所学内容。

教学服务

本套教材配有习题册和方便教师上课使用的多媒体电子课件，可以通过职业教育教学资源和数字学习中心网站（http://zyjy.class.com.cn）下载电子课件等教学资源。另外，在部分教材中使用了二维码技术，针对教材中的教学重点和难点制作了动画、视频、微课等多媒体资源，学生使用移动终端扫描二维码即可在线观看相应内容。

致谢

本次教材的修订工作得到了河北、江苏、山东、河南、广东等省人力资源社会保障厅及有关学校的大力支持，在此我们表示诚挚的谢意。

人力资源社会保障部教材办公室

2018年8月

目录

第一章　数控车削编程基础 …………………………………………（1）
第一节　数控车床概述 ………………………………………………（1）
第二节　数控车床坐标系 ……………………………………………（6）
第三节　数控车削编程的基本知识 …………………………………（11）
第四节　程序编制的工艺处理 ………………………………………（18）
第五节　手工编程中的数学处理 ……………………………………（21）
第二章　数控车床的基本操作和维护与保养 ……………………（29）
第一节　FANUC 0i Mate – TD 数控车床面板介绍 …………（29）
第二节　数控车床基本操作 …………………………………………（36）
第三节　数控车床的日常维护与保养 ………………………………（43）
第三章　数控车床仿真加工 ………………………………………（47）
第一节　常用数控仿真软件简介 ……………………………………（47）
第二节　数控仿真软件的应用 ………………………………………（55）
第四章　外轮廓加工 ………………………………………………（64）
第一节　车削外圆/端面及外锥面……………………………………（64）
第二节　车削圆弧面 …………………………………………………（76）
第三节　外圆粗车复合循环 G71/G70 的应用 ……………………（87）
第四节　端面粗车复合循环 G72/G70 的应用 ……………………（94）
第五节　仿形切削粗车复合循环 G73/G70 的应用 ………………（102）
第五章　槽类零件加工 ……………………………………………（110）
第一节　直槽加工 ……………………………………………………（110）
第二节　矩形槽加工 …………………………………………………（118）
第三节　异形槽加工 …………………………………………………（124）
第六章　螺纹加工 …………………………………………………（132）
第一节　等距螺纹的加工 ……………………………………………（132）

第二节　多线螺纹的加工 ……………………………………………………（141）
第三节　梯形螺纹的加工 ……………………………………………………（147）
第七章　内轮廓加工 ……………………………………………………（154）
第一节　镗孔及内三角螺纹加工 ……………………………………………（154）
第二节　内沟槽车削加工 ……………………………………………………（167）
第三节　复杂套类零件的加工 ………………………………………………（172）
第八章　技能操作综合训练 ………………………………………………（179）
第一节　技能操作综合训练一 ………………………………………………（179）
第二节　技能操作综合训练二 ………………………………………………（185）
第三节　技能操作综合训练三 ………………………………………………（192）
第四节　技能操作综合训练四 ………………………………………………（199）
第五节　技能操作综合训练五 ………………………………………………（206）

第一章

数控车削编程基础

第一节　数控车床概述

1. 熟悉数控车床的组成及基本工作原理。
2. 掌握数控车床的分类和特点。

随着科学技术和社会生产的迅速发展，机械产品日趋复杂，社会对机械产品的质量和生产效率提出了越来越高的要求。在航空航天、造船、军工和计算机等工业中，零件精度高，形状复杂，批量小，需要经常改动，加工困难，生产效率低，劳动强度大，质量难以保证。机械加工工艺过程的自动化和智能化是适应上述发展特点的重要手段。

为了解决上述问题，一种灵活、通用、高精度、高效率的柔性自动化生产设备——数控机床应运而生。

与普通车床相比，数控车床更适合加工精度高、形状复杂的回转体零件。为了更好地使用数控车床，必须了解数控车床的基本组成及工作原理，熟悉数控车床加工零件的特点，了解数控车床的分类。

一、数控车床的组成及工作原理

如图 1—1 所示为一种典型的数控车床。

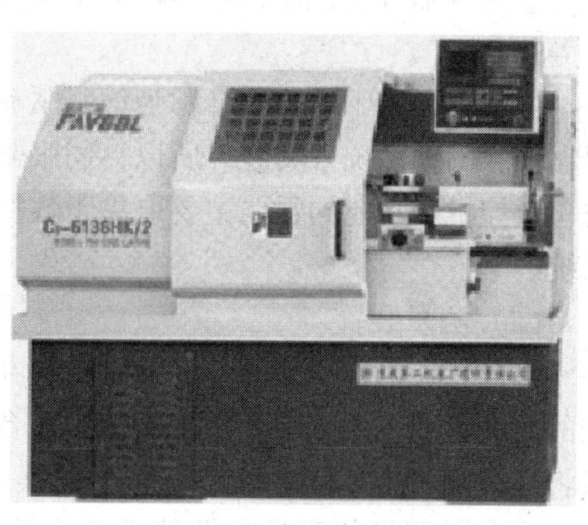

图 1—1　数控车床实物图

1. 数控车床的组成

如图 1—2 所示为数控车床的组成框图，数控车床一般由输入/输出装置、数控装置（CNC）、伺服单元、驱动装置、测量装置、车床本体等组成。

（1）输入/输出装置

数控车床中必须具备必要的输入/输出装置，从而完成零件程序或系统参数的输入或输出。数

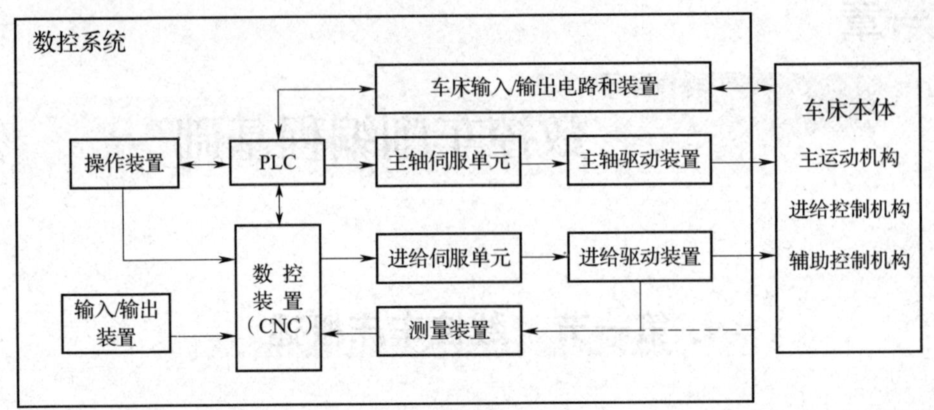

图 1—2　数控车床的组成框图

控系统一般配有 CRT 显示器或点阵式液晶显示器，显示信息丰富，能显示图形，有些还能进行实体仿真切削模拟，操作人员可通过显示器获得必要的信息。

（2）数控装置（CNC）

数控装置是数控系统的核心，主要包括微处理器（CPU）、存储器、外围逻辑电路以及与数控系统的其他组成部分联系的各种接口等。数控车床的数控系统完全由软件处理输入信息，使数字控制系统的性能大大提高。

（3）伺服单元

伺服单元是数控装置和机床本体的联系环节，它将来自数控装置的微弱指令信号放大成控制驱动装置的大功率信号。根据接收指令的不同，伺服单元有数字式和模拟式之分，而模拟式伺服单元按电源种类不同又可分为直流伺服单元和交流伺服单元。

（4）驱动装置

驱动装置把经过放大的指令信号转变为机械运动，通过机械传动部件驱动机床主轴、刀架、工作台等精确定位或按规定的轨迹做严格的相对运动，最后加工出图样所要求的零件。与伺服单元相对应，驱动装置有步进电动机、直流伺服电动机和交流伺服电动机等。

伺服单元和驱动装置合称为伺服驱动系统，它是机床工作的动力装置，数控装置的指令要靠伺服驱动系统来实施。所以，伺服驱动系统是数控机床的重要组成部分。从某种意义上说，数控机床功能的强弱主要取决于数控装置，而数控机床性能的好坏主要取决于伺服驱动系统。

（5）测量装置

测量装置也称反馈元件，通常安装在车床的工作台、丝杠或电动机轴上，相当于普通车床的刻度盘和人的眼睛，它把车床工作台的实际位移转变成电信号反馈给数控装置，数控装置将反馈值与指令值进行比较，产生误差信号，从而控制工作台向消除该误差的方向移动。因此，测量装置是高性能数控车床的重要组成部分。此外，由测量装置和显示环节构成的数显装置可以在线显示机床移动部件的坐标值，大大提高了工作效率和工件的加工精度。

（6）车床本体

由于数控车床切削用量大、连续加工发热量高等因素对加工精度有一定影响，加工中又是自动控制，不能像普通车床那样由人工进行调整、补偿，所以其设计要求比普通车床更严格，制造要求更精密。它主要由主运动机构、进给控制机构（如工作台、床鞍和滑板及相应的传动机构等）、辅助控制机构（如冷却及润滑、排屑、转位和夹紧装置）等组成。

2. 数控车床的工作原理

数控车床就是将加工过程所需的各种操作（如主轴变速、松夹工件、进刀与退刀、开车与停车、自动开关切削液等）和步骤以及工件的形状、尺寸用数字化的代码表示，通过控制介质将数字信息送到数控装置，数控装置对输入的信息进行处理与运算，发出各种信号，控制机床的伺服系统或其他驱动元件，使机床自动加工出所需要的工件。

二、数控车床的分类及特点

1. 数控车床的分类

数控车床的品种和规格繁多，分类方法不一。

（1）按车床主轴布置形式分类

1）立式数控车床。立式数控车床简称数控立车，如图 1—3 所示，其主轴垂直于水平面，并有一个直径很大的圆形工作台，供装夹工件用。这类机床主要用于加工径向尺寸大、轴向尺寸相对较小的大型复杂工件。

2）卧式数控车床。卧式数控车床又分为卧式数控水平导轨车床和卧式数控倾斜导轨车床，如图 1—4a 所示的车床是卧式数控水平导轨车床，图 1—4b 所示的车床是卧式数控倾斜导轨车床。

图 1—3　立式数控车床

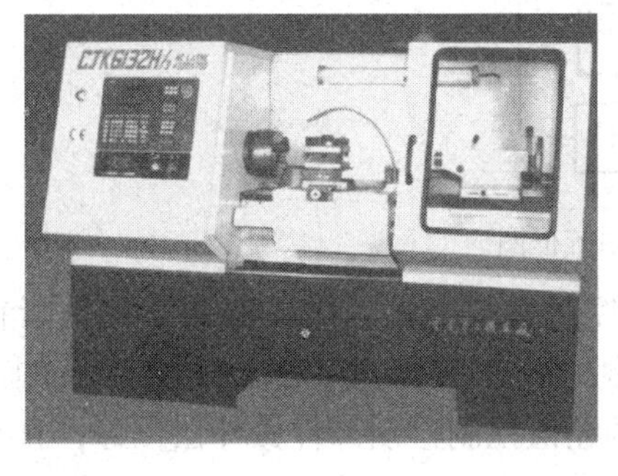

a)

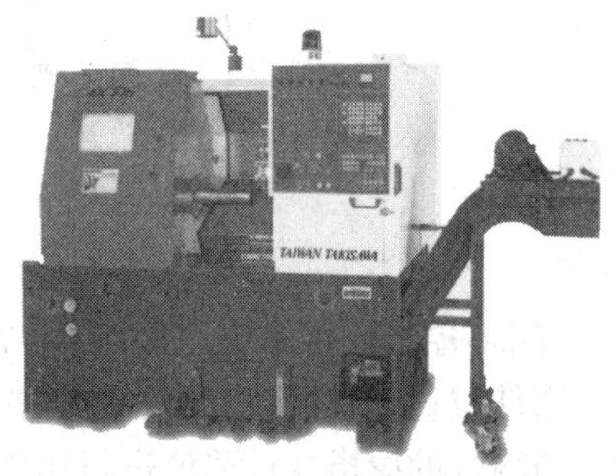

b)

图 1—4　卧式数控车床

a）水平导轨车床　b）倾斜导轨车床

（2）按伺服系统的类型分类

1）开环控制数控车床。开环控制系统是指不带位置检测与反馈装置的控制系统，CNC 单元发出的指令信号流是单向的。它是根据控制介质上的数据指令，经过控制运算发出脉冲信号，输送到伺服驱动装置（如步进电动机等），使伺服驱动装置转过相应的角度，然后经过减速齿轮和丝杠螺母机构，转换为移动部件的直线位移。如图 1—5 所示为开环控制系统框图。

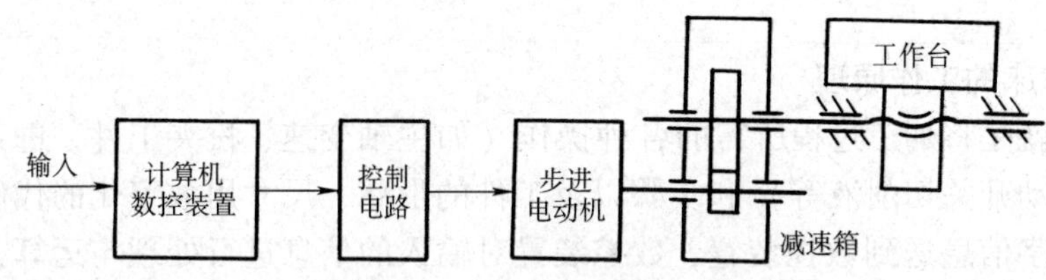

图 1—5　开环控制系统框图

由于开环控制系统不具有检测与反馈装置，不能进行误差校正，系统精度较低。开环控制系统具有结构简单，工作稳定，使用、维修方便及成本低的优点，在精度和速度要求不高、驱动力矩不大的场合得到广泛应用。在我国，经济型数控机床一般都采用开环数控系统。

2）半闭环控制数控车床。半闭环控制系统是指在开环控制系统的伺服机构中装有角位移检测装置，通过检测伺服机构的滚珠丝杠转角间接检测移动部件的位移，然后反馈到数控装置的比较器中，与输入的原指令位移值进行比较，用比较后的差值进行控制，使移动部件补偿位移，直到差值消除为止的控制系统。由于半闭环控制系统未将移动部件的传动丝杠螺母机构包括在闭环之内，所以，传动丝杠螺母机构的误差仍然会影响移动部件的位移精度。如图 1—6 所示为半闭环控制系统框图。

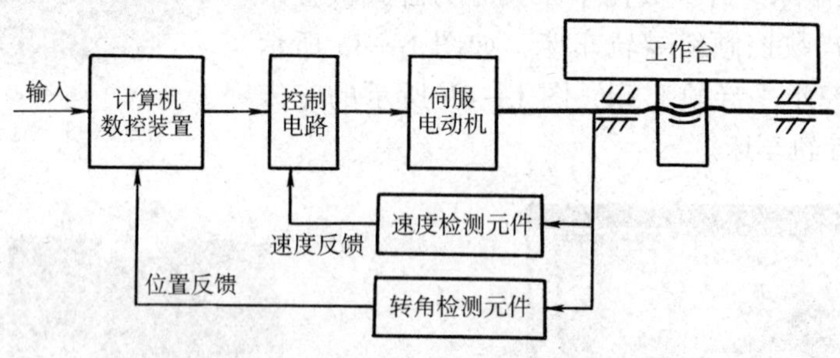

图 1—6　半闭环控制系统框图

3）闭环控制数控车床。如图 1—7 所示为闭环控制系统框图，闭环控制系统是指在机床移动部件位置上直接装有直线位置检测装置，将检测到的实际位移反馈到数控装置的比较器中，与输入的原指令位移值进行比较，用比较后的差值控制移动部件做补偿位移，直到差值消除时才停止移动，达到精确定位的控制系统。

2. 数控车床的特点

（1）适应性强

当改变加工零件时，数控车床只需更换零件的加工程序，不必使用凸轮、靠模、样板或其他模具等专用工艺装备，且可采用成组技术的成套夹具。

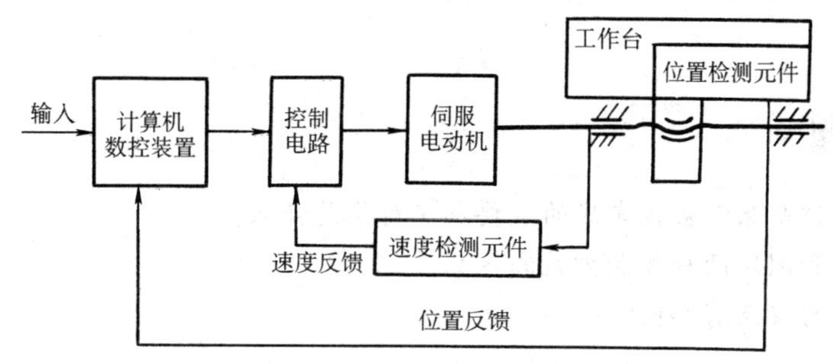

图 1—7 闭环控制系统框图

（2）适合加工复杂型面的零件

由于数控车床能实现两轴或两轴以上的联动，所以能完成复杂型面的加工，特别是可用数学方程式和坐标点表示的形状复杂的零件。

（3）加工质量稳定

数控车床是根据数控程序自动进行加工的，可以避免人为的误差，这就保证了零件加工质量的稳定性。

（4）生产效率高

数控车床可以有效地减少零件的加工时间和辅助时间，数控车床的主轴转速和进给量的范围大，允许车床进行大切削量的强力切削。数控车床目前进入高速加工时代，车床移动部件的快速移动和定位及高速切削加工，极大地提高了生产率。另外，配合车削中心的刀库使用，实现了一台车床上进行多道工序的连续加工，减少了半成品的工序间周转时间，也提高了生产率。

为了进一步提高车削加工的效率，通过增加车床的控制坐标轴，就能在一台数控车床上同时加工两个多工序的相同或不同的零件，也可实现一批工序较复杂的零件车削加工过程的自动化。

（5）加工精度高

数控车床有较高的加工精度，一般可达 0.005 ~ 0.01 mm，数控车床是按数字信号形式控制的，数控装置每输出一个脉冲信号，则车床移动部件移动一个脉冲当量（一般为 0.001 mm），而且车床进给传动链的反向间隙与丝杠螺距的平均误差可由数控装置进行补偿，因此，数控车床的定位精度比较高。

复印机中的回转鼓、激光打印机内的多面反射体等超精零件，其尺寸精度可达 0.01 μm，表面粗糙度值可达 0.02 μm，这些高精度零件均可在高精度的特殊数控车床上加工完成。

（6）减轻劳动强度

在输入程序并启动后，数控车床就自动地连续加工，直至零件加工完毕。这样就简化了人工操作，使劳动强度大大降低。

（7）利于生产管理现代化

数控车床的加工是以标准代码为控制信息来实现的，因此，易于实现加工信息的标准化，目前已将计算机辅助设计与制造（CAD/CAM）系统有机地结合起来，已成为先进制造技术的基础。

思考与练习

1. 什么叫数控车床？数控车床的主要加工对象是什么？
2. 简述开环和闭环两种控制方式的区别。
3. 数控车床的特点有哪些？

第二节 数控车床坐标系

学习目标

1. 了解右手直角笛卡儿坐标系，并能判定数控机床的运动坐标轴。
2. 理解机床坐标系和工件坐标系的概念及相互联系。
3. 掌握对数控车床的对刀点和换刀点的要求。

一、坐标系的命名原则

规定数控机床坐标轴及运动方向，是为了准确地描述机床的运动，简化程序的编制方法，并使所编程序有互换性。目前，国际标准化组织已经统一了标准坐标系。国家标准《工业自动化系统与集成 机床数值控制坐标系和运动命名》（GB/T 19660—2005）对数控机床的坐标和运动方向做了明文规定。

1. 运动方向的规定

为了使编程人员能在不知道机床加工零件时是刀具移向工件，还是工件移向刀具的情况下，就可以根据图样确定机床的加工过程，规定：永远假定刀具相对于静止的工件运动。

2. 标准坐标系的规定

在数控机床上加工零件，机床的动作是由数控系统发出的指令来控制的。为了确定机床的运动方向和移动的距离，就要在机床上建立一个坐标系，这个坐标系就叫标准坐标系，又称机床坐标系。在编制程序时，就可以以该坐标系来确定运动方向和距离。

数控机床上的坐标系采用右手直角笛卡儿坐标系，如图 1—8 所示，拇指的方向为 X 轴的正方向，食指的方向为 Y 轴的正方向，中指的方向为 Z 轴的正方向。卧式车床的标准坐标系如图 1—9 所示，立式升降台铣床的标准坐标系如图 1—10 所示，卧式升降台铣床的标准坐标系如图1—11所示。

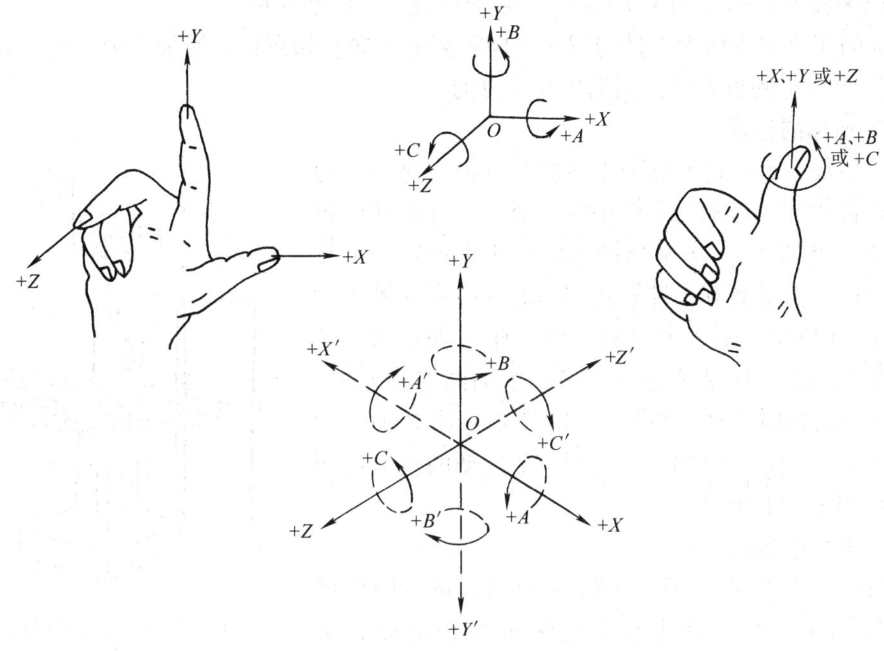

图 1—8　右手直角笛卡儿坐标系

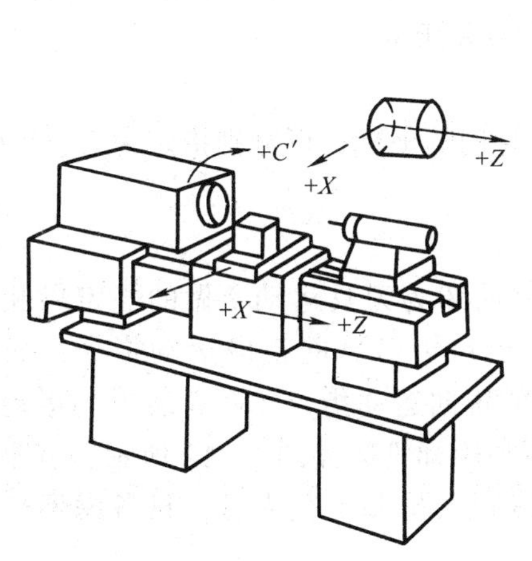

图 1—9　卧式车床的标准坐标系

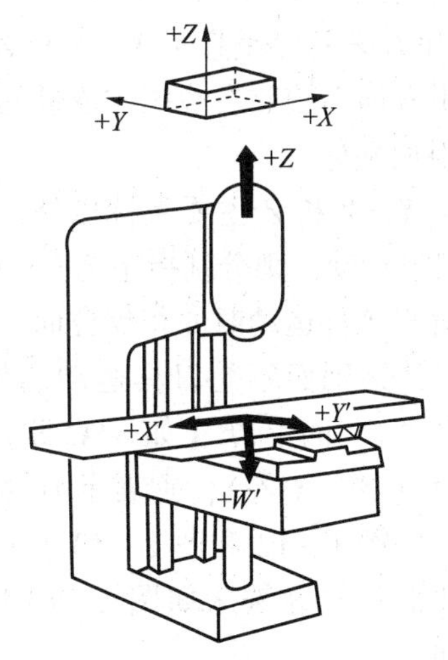

图 1—10　立式升降台铣床的标准坐标系

3. 运动方向的确定

GB/T 19660—2005 中规定：机床某一部件运动的正方向是增大工件和刀具之间距离的方向。

（1）*Z* 坐标的运动

Z 坐标的运动是由传递切削力的主轴所决定的，与主轴轴线平行的坐标轴即为 *Z* 坐标轴。对于车床、磨床等，主轴带动工件旋转；对于铣床、钻床、镗床等，主轴带动刀具旋

转。如果机床没有主轴（如牛头刨床），*Z* 轴垂直于工件装夹面。

Z 坐标的正方向为增大工件与刀具之间距离的方向。如在钻、镗加工中，钻入和镗入工件的方向为 *Z* 坐标的负方向，而退出为正方向。

（2）*X* 坐标的运动

X 坐标是水平的，它平行于工件的装夹面。这是在刀具或工件定位平面内运动的主要坐标。对于工件旋转的机床（如车床、磨床等），*X* 坐标的方向在工件的径向，且平行于横滑座，刀具离开工件旋转中心的方向为 *X* 轴正方向，如图 1—9 所示。对于刀具旋转的机床（如铣床、镗床、钻床等），如 *Z* 轴是垂直的，当从主轴向立柱看时，*X* 运动的正方向指向右方，如图 1—10 所示；如 *Z* 轴（主轴）是水平的，当从主轴向工件看时，*X* 运动的正方向指向左方，如图 1—11 所示。

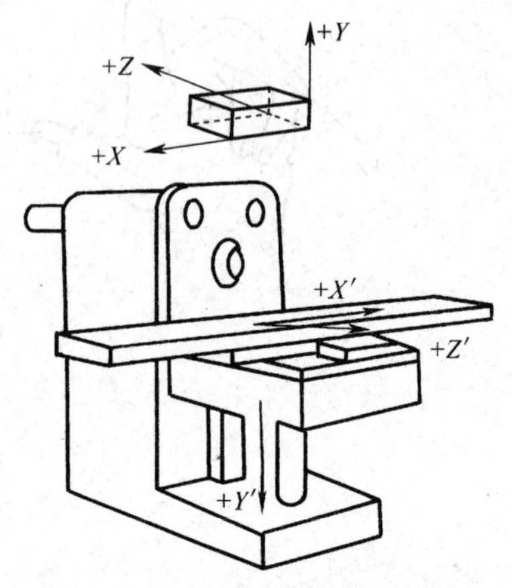

图 1—11　卧式升降台铣床的标准坐标系

（3）*Y* 坐标的运动

Y 坐标轴垂直于 *X*、*Z* 坐标轴。*Y* 运动的正方向根据 *X* 和 *Z* 坐标的正方向，按照右手直角笛卡儿坐标系来判定。

（4）旋转运动 *A*、*B* 和 *C*

A、*B* 和 *C* 表示沿垂直于 *X*、*Y* 和 *Z* 轴的旋转运动。*A*、*B* 和 *C* 运动的正方向为在 *X*、*Y* 和 *Z* 坐标正方向上按照右旋螺纹前进的方向，如图 1—8 所示。

（5）附加坐标

如果在 *X*、*Y* 和 *Z* 主要坐标以外，还有平行于它们的坐标，可分别指定为 *U*、*V* 和 *W*；如还有第三组运动，则分别指定为 *P*、*Q* 和 *R*。

（6）对于工件运动时的相反方向

对于工件运动而不是刀具运动的机床，必须将前述为刀具运动所做的规定做相反的安排。用带“′”的字母（如 +*X*′等），表示工件相对于刀具的正向运动指令；而不带“′”的字母（如 +*X* 等），则表示刀具相对于工件的正向运动指令。两者表示的运动方向正好相反，如图 1—12 和图 1—13 所示，其中曲面和轮廓铣床如图 1—12 所示，五坐标摆动式铣头曲面和轮廓铣床如图 1—13 所示。对于编程人员和工艺人员，只考虑不带“′”的运动方向。

二、机床坐标系

数控机床的坐标系包括机床坐标系和工件坐标系。机床坐标系是机床上固有的坐标系，是机床制造和调整的基准，也是工件坐标系设定的基准。

机床坐标系在以下几种情况下必须进行设定：

1. 机床首次开机，或关机后重新接通电源时。

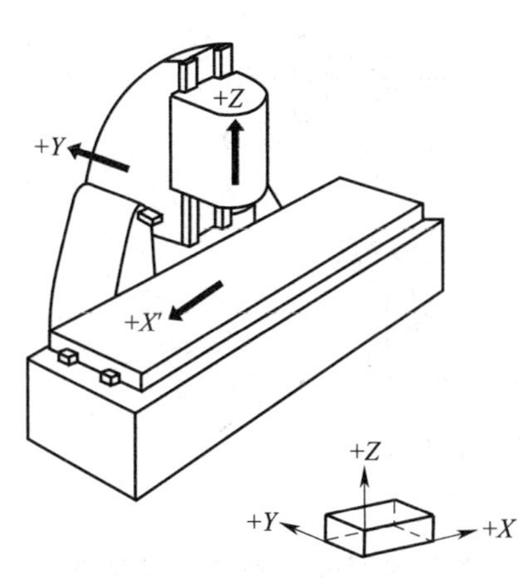

图 1—12　曲面和轮廓铣床

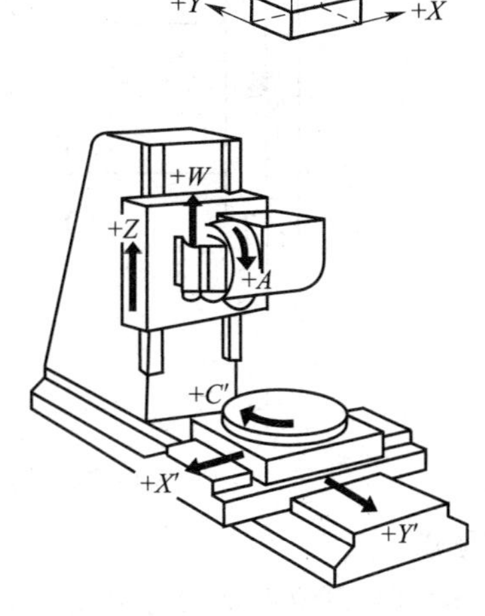

图 1—13　五坐标摆动式铣头曲面和轮廓铣床

2. 解除机床急停状态后。

3. 解除机床超程报警信号后。

三、工件坐标系

工件坐标系是编程时使用的坐标系，因此又称编程坐标系。工件坐标系坐标轴的意义必须与机床坐标轴相同。

工件坐标系的原点又称工件零点或编程零点，其位置由编程者确定。确定工件原点的原则是便于编程计算，故应尽量将工件原点设在零件图的尺寸基准或工艺基准处。一般来说，数控铣床的工件原点可设在工件外轮廓的某一角上，或设在对称工件的对称中心上，*Z* 轴方向的零点一般设在工件表面上。数控车床的工件原点一般选在主轴中心线与工件右端面或左端面的交点处。

数控车床工件坐标系的设定如图 1—14 所示，与机床导轨平行的方向（即卡盘中心到尾座顶尖的方向）为 *Z* 轴，与机床导轨垂直的方向为 *X* 轴。坐标原点位于卡盘后端面与中心线的交点 *O* 上。规定：从卡盘中心到尾座顶尖的方向为 *Z* 轴正方向；刀具远离主轴旋转中心的方向为 *X* 轴正方向。

四、数控车床的对刀点与换刀点

1. 对刀

对刀是数控机床操作者在开始对工件进行数控切削加工前所做的首要工作。所谓对刀，是指将刀具移向对刀点，并使刀具的刀位点和对刀点重合的操作。

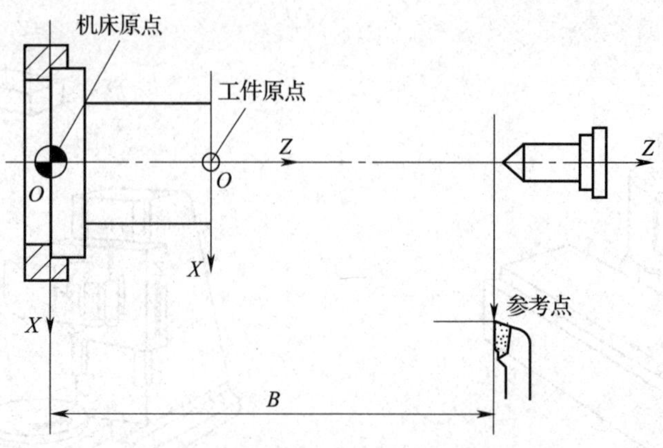

图 1—14　数控车床工件坐标系的设定

2. 刀位点

车刀、镗刀的刀位点是指刀尖或刀尖圆弧中心；立铣刀的刀位点是指刀具轴线与刀具底面的交点；球头铣刀的刀位点是球心；钻头的刀位点是钻尖。

3. 对刀点的确定

（1）定义

所谓对刀点，是指在数控加工时刀具相对于工件运动的起点，也是程序的起点。编制程序时应首先确定对刀点的位置。

（2）选择对刀点的具体原则

1）应尽量选在零件的设计基准或工艺基准上。

2）应尽量选择在机床上找正容易、加工过程中便于检查的位置上。

3）为便于计算坐标值，对刀点最好选在坐标系的原点上，或选在已知坐标值的点上。

4. 换刀点的确定

数控车床是多刀加工的机床，常需要在加工过程中自动换刀，故编程时还要设置换刀点。为防止换刀时碰伤工件或夹具，换刀点常常设置在被加工零件外面，并要有一定的安全量。

1. 确定编程坐标原点的原则是什么？

2. 简述数控机床坐标系的判断规则。

3. 什么是机床坐标系？工件坐标系与机床坐标系的关系是什么？

第三节　数控车削编程的基本知识

1. 理解数控编程的概念与编程方法。
2. 掌握数控程序的格式及组成。
3. 掌握数控编程的常用专业术语及指令代码。
4. 掌握数控车床的编程规则。

一、数控加工程序及其编制过程

1. 数控编程的概念

数控机床是按照事先编制好的加工程序，自动对零件进行加工。通常把零件的加工工艺路线、工艺参数、刀具的运动轨迹、位移量、切削参数（如主轴转速、进给量、背吃刀量等）以及辅助功能（如换刀、主轴正转和反转、切削液开和关等）按照数控机床规定的指令代码及程序格式编写成加工程序单，再把这一程序单中的内容记录在控制介质上，然后输入到数控机床的数控装置中，从而指挥机床加工零件。从零件图的分析到制成控制介质的全部过程称为数控程序的编制。

2. 数控编程的内容

数控编程的主要内容包括分析零件图样、确定加工工艺过程、数值计算、编写程序单、制备控制介质、校验程序与首件试切。

3. 数控编程的步骤

数控编程的步骤一般如图 1—15 所示。

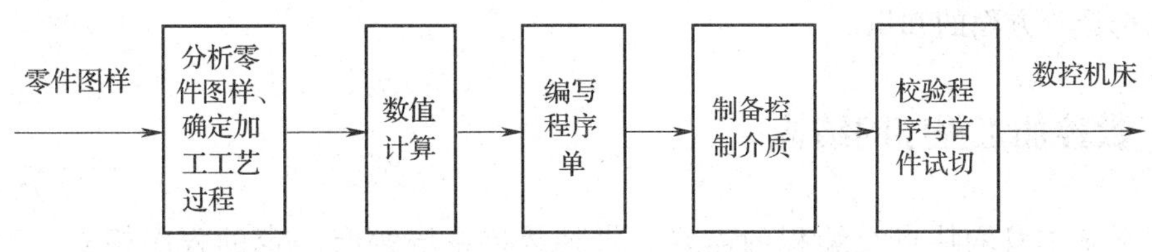

图 1—15　数控编程的步骤

（1）分析零件图样、确定加工工艺过程

在确定加工工艺过程时，编程人员首先要根据图样对工件的形状、尺寸、技术要求进行分析，然后选择加工方案，确定加工顺序、加工路线、装夹方式、刀具及切削参数，同时还要考虑所用数控机床的指令功能，充分发挥机床的效能，加工路线要短，要正确选择对刀点、换刀点，减少换刀次数。

（2）数值计算

根据零件图的几何尺寸、确定的工艺路线及设定的坐标系，计算零件粗、精加工的运动轨迹，得到刀位数据。对于点位控制的数控机床（如数控冲床等），一般不需要计算。只有当零件图样坐标系与编程坐标系不一致时，才需要对坐标进行换算。对于形状比较简单的零件（如直线和圆弧组成的零件）的轮廓加工，需要计算出几何元素的起点、终点、圆弧的圆心、两几何元素的交点或切点的坐标值，有的还要计算刀具中心的运动轨迹坐标值。对于形状比较复杂的零件（如非圆曲线、曲面组成的零件），需要用直线段或圆弧段逼近，根据要求的精度计算出其节点坐标值，这种情况一般要用计算机来完成数值计算的工作。

（3）编写程序单

加工路线、工艺参数及刀位数据确定以后，编程人员可以根据数控系统规定的功能指令代码及程序段格式，逐段编写加工程序单。此外，还应填写有关的工艺文件，如数控加工工序卡片、数控刀具卡片、数控刀具明细表、工件装夹和零点设定卡片、数控加工程序单等。

（4）制备控制介质

制备控制介质，即把编制好的程序单上的内容记录在控制介质上作为数控装置的输入信息。

（5）校验程序与首件试切

程序单和制备好的控制介质必须经过校验和试切才能正式使用。校验的方法是直接将控制介质上的内容输入数控装置中，在有 CRT 图形显示屏的数控机床上，用模拟刀具与工件切削过程的方法进行检验更为方便，但这些方法只能检验出运动是否正确，不能查出被加工零件的加工精度。因此，有必要进行零件的首件试切。当发现有加工误差时，应分析误差产生的原因，找出问题所在并加以修正。

从以上内容来看，作为一名数控编程人员，不但要熟悉数控机床的结构、数控系统的功能及标准，而且还必须是一名好的工艺人员，要熟悉零件的加工工艺、装夹方法、刀具和切削用量的选择等方面的知识。

二、数控加工程序的结构

根据系统本身的特点及编程的需要，每种数控系统都有一定的程序格式。对于不同的机床，其程序的格式也不同。因此，编程人员必须严格按照机床说明书的规定格式进行编程。

一个完整的程序由程序号、程序内容和程序结束三部分组成。

```
例 O0001                                   程序号
   N10  G92 X40.0 Y30.0;
   N20  G90 G00 X28.0 T01 S800 M03;
   N30  G01 X-8.0 Y8.0 F200;
   N40  X0 Y0;                             程序内容
   N50  X28.0 Y30.0;
   N60  G00 X40.0;
   N70  M02;                               程序结束
```

1. 程序号

程序号由字母O和四位数字（不能全为0）组成，应单独占一行，如O0001、O3602、O6231等，四位数字可以从0000~9999中选择。书写时，其数字前面的零可以省略不写，如O0058可写成O58。

2. 程序内容

程序内容是整个加工程序的核心，通常由若干程序段组成，程序段又由一个或多个程序字组成。程序段的格式如图1—16所示。

N_	G_	X(U)_	Z(W)_	F_	S_	T_	M_
程序段顺序号	准备功能	*X*轴移动指令	*Z*轴移动指令	进给功能指令	主轴功能指令	刀具功能指令	辅助功能指令
N3	G01	X10.0	Z-5.0	F0.3	S80	T0101	M03

图1—16　程序段的格式

程序段内各字的说明：

（1）程序段顺序号

程序段顺序号是用以识别程序段的编号。用地址码N和后面若干位数字来表示。例如，N20表示该程序段的顺序号为20。

（2）准备功能字

准备功能是使数控机床做好某种操作准备的指令，用地址G和两位数字来表示，从G00~G99共100种。

（3）尺寸字（包含*X*、*Z*轴移动指令）

尺寸字由地址码、符号“+”和“-”及绝对值（或增量值）的数值构成。尺寸字的地址码有X、Y、Z、U、V、W、P、Q、R、A、B、C、I、J、K、D和H等。

例如，“X20.0 Y-40.0”中尺寸字的“+”可省略。

表示地址码的英文字母的含义见表1—1。

表 1—1　　地址码的含义

地址码	含义
O、P	程序号、子程序号
N	程序段号
X、Y、Z	轴向运动指令
U、V、W	附加轴运动指令
A、B、C	绕 X、Y、Z 坐标的旋转运动
I、J、K	圆弧中心坐标（圆心相对于圆弧起点的增量坐标）
D、H	补偿号指令

（4）进给功能字

进给功能字表示刀具中心运动时的进给速度。它由地址码 F 和后面若干位数字构成。这个数字的单位取决于每个数控系统所采用的进给速度的指定方法。如 F100 表示进给速度为 100 mm/min，有的以 F××表示，后两位既可以是代码，也可以是进给量的数值。具体内容见所用数控机床编程说明书。

（5）主轴功能字

主轴功能字由地址码 S 和后面若干位数字组成，单位为转速单位（r/min）。例如，S800 表示主轴转速为 800 r/min。

（6）刀具功能字

刀具功能字由地址码 T 和后面若干位数字组成。刀具功能字的数字是指定的刀具号。数字的位数由系统参数决定。

（7）辅助功能字

辅助功能字是表示机床辅助动作的指令。用地址码 M 和后面两位数字表示。从 M00 ~ M99 共 100 种。

（8）程序段结束符

写在每一程序段之后，表示程序结束。当用 EIA 标准代码时，结束符为“CR”，用 ISO 标准代码时为“NL”或“LF”。有的用符号“;”或“ * ”表示。

3. 程序结束

程序结束部分由程序结束指令构成，必须写在程序的最后，表示加工程序的结束。为了保证最后程序段的正常执行，通常要求单独占用一行。例如，一般程序结束要由 M02 或 M30 来结束整个程序，子程序用 M99 结束。

三、常用术语及指令代码

1. 准备功能（G 功能）

准备功能又称 G 功能，是使数控机床做某种运动方式的指令。地址“G”和数字组成的字表示准备功能，也称为 G 代码。

G 功能分为模态与非模态两类。一个模态 G 功能被指令后，直到同组的另一个 G 功能被指令才无效。而非模态的 G 功能仅在其被指令的程序段中有效。表 1—2 列出了常见准备功能代码及功能。

表 1—2　　准备功能代码及功能

G 代码	功能
G00	定位（快速移动）
G01	直线插补（切削进给）
G02	圆弧插补 CW（顺时针）
G03	圆弧插补 CCW（逆时针）
G04	延时
G28	返回参考点
G32	单刀螺纹切削
G40	取消刀尖圆弧半径补偿
G41	刀尖圆弧半径左补偿
G42	刀尖圆弧半径右补偿
G50	坐标系设定
G65	宏程序命令
G70	精加工循环
G71	外圆粗车复合循环
G72	端面粗车复合循环
G73	仿形切削粗车复合循环
G74	端面槽/深孔加工循环
G75	外圆/内圆车槽循环
G76	螺纹加工复合循环
G90	单一形状固定循环（外圆/圆锥）
G92	螺纹切削固定循环
G94	单一形状固定循环（端面）
G96	恒线速开
G97	恒线速关
G98	每分钟进给
G99	每转进给

2. 辅助功能（M 功能）

M 功能是辅助功能，主要实现开关量的控制，其代码及功能详见表 1—3。

表 1—3　　辅助功能代码及功能

代码	功能	代码	功能
M00	程序暂停	M09	切削液关闭
M01	程序暂停（选择性暂停）	M10	车螺纹斜退刀
M02	程序结束	M11	车螺纹直退刀
M03	主轴正转	M30	程序结束并返回程序起始
M04	主轴反转	M98	调用子程序
M05	主轴停止	M99	子程序调用结束
M08	切削液打开		

3. 主轴功能（S 功能）

S 功能用于控制主轴转速，其后面的数值表示主轴速度，单位为 r/min，S 是模态指令，S 功能只有在主轴速度可调节时有效，S 所编程的主轴转速可以借助机床控制面板上的主轴倍率开关进行调整。

（1）G50 S×××× 　表示主轴最高转速限制。

（2）G96 S×××× 　表示恒线速度切削，S 后面的数值为切削速度 v（m/min）。

例　G96 S150 指令表示控制主轴转速，使切削点的速度始终保持为 150 m/min。

（3）G97 S××××表示取消恒线速度切削。

例　G97 S1000 指令表示主轴转速为 1 000 r/min。

4. 刀具功能（T 功能）

刀具功能主要用来指定加工中所用的刀具号及自动补偿编组号。

（1）T××××

用四位数字执行刀补时，前两位数字表示刀具号，后两位数字表示刀补号。

（2）T××

用两位数字执行刀补时，第一位数字表示刀具号，第二位数字表示刀补号。

5. 进给功能（F 功能）

进给功能也称 F 功能，F 指令表示工件被加工时刀具相对于工件的进给速度，F 的单位取决于 G98（每分钟进给量，单位为 mm/min）或 G99（每转进给量，单位为 mm/r）。

使用下式可实现每转进给量和每分钟进给量的转化：

$$v_f = fn$$

式中　v_f——每分钟进给量，mm/min；

f——每转进给量，mm/r；

n——主轴转速，r/min。

提示

F 指令为模态指令，在工作时 F 值一直有效，直到被新的 F 值所取代，但 G00 快速定位时不指定 F 值，因为 G00 的速度由系统参数决定，与 F 值无关。

四、数控车床编程规则

1. 绝对值编程与增量值编程

（1）绝对坐标系

刀具（或机床）运动轨迹的坐标值是以相对于工件坐标系的原点 O 给出的，即称为绝对坐标，该坐标系称为绝对坐标系。如图 1—17a 所示，A 和 B 两点的坐标均以固定的坐标原点 O 计算，其值为：$Z_A=10$，$X_A=20$，$Z_B=30$，$X_B=50$。

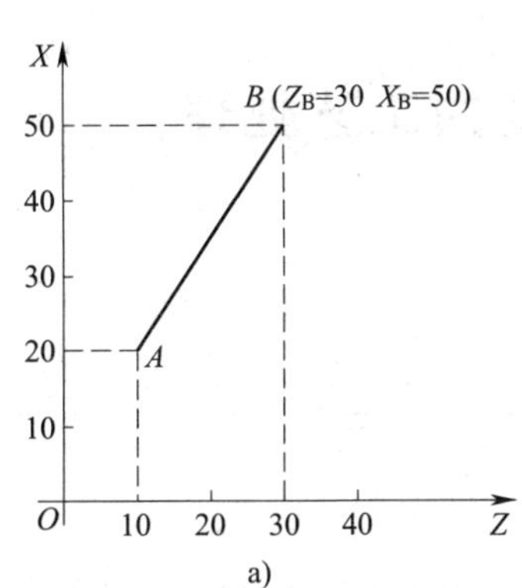

a)

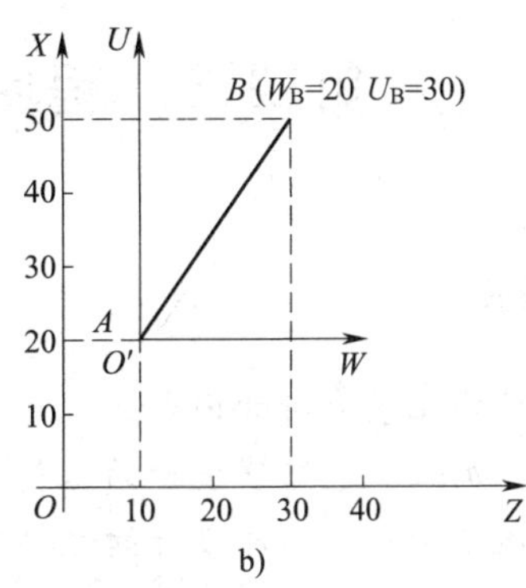

b)

图 1—17　绝对坐标系与增量坐标系

a）绝对坐标系　b）增量坐标系

（2）增量（相对）坐标系

刀具（或机床）运动轨迹的坐标值是相对于前一位置（或起点）来计算的，即称为增量（或相对）坐标，该坐标系称为增量坐标系。

有些系统的增量坐标系常用代码表中的 U、V、W 表示。U、V、W 分别表示与 X、Y、Z 平行且同向的坐标轴。如图 1—17b 所示，B 点相对于 A 点的坐标（即增量坐标）为 $W_B=20$，$U_B=30$，U—V 坐标系称为增量坐标系。

确定轴移动指令方法有绝对指令和增量指令两种。绝对指令是对各轴移动到终点坐标值进行编程，称为绝对编程法。增量指令是用各轴移动量直接编程，称为增量编程法。例如，当从 A 沿直线移动到 B 时，如图 1—17 所示的两种方法编程如下：

绝对指令编程：G01 X50 Z30；

增量指令编程：G01 U30 W20；

2. 直径值编程和半径值编程

用数控车床加工的零件具有回转体特征，尺寸有直径指定和半径指定两种方法。当用直径值编程时，称为直径编程法；用半径值编程时，称为半径编程法。

数控车床出厂时一般设定为直径编程。如需用半径编程，要改变系统中相关参数，使系统处于半径编程状态（当用半径值或直径值编程时，系统参数中“直径编程/半径编程”相应设为“1”或“0”）。本章之后，若非特殊说明，各例均为直径编程。

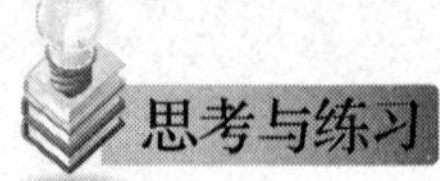

思考与练习

1. 一个完整的加工程序由哪几部分组成？其开始部分和结束部分常用什么符号及代码表示？

2. 在数控编程中，G 代码的作用是什么？

3. 简述 M、S、T、F 功能在数控编程中的作用。

4. 简述直径值编程和半径值编程的区别。

第四节　程序编制的工艺处理

学习目标

1. 了解零件图工艺分析的内容。

2. 了解数控加工工艺路线设计的主要内容。

3. 了解数控车床加工工序设计的主要内容。

4. 熟悉数控车削工艺处理的主要内容。

一、零件图的分析

零件图的分析主要包括分析零件的材料、形状、尺寸、精度以及毛坯形状和热处理要求等，以便确定该零件是否适合在数控机床上加工，或适合在哪种类型的数控机床上加工。只有那些批量小、形状复杂、精度要求高及生产周期短的零件，才最适合采用数控加工。

在选择和确定数控加工内容的过程中，编程人员应该根据所掌握的数控加工的基本特点以及所用数控机床的功能和实际工作经验，对零件图做数控加工工艺性分析。零件图工艺性分析内容包括结构工艺性分析、轮廓几何要素分析、尺寸标注方法分析、定位基准的可靠性分析、精度及技术要求分析。

二、数控加工工艺路线设计的主要内容

数控加工工艺路线是下一步工序设计的基础，其设计的质量会直接影响零件的加工质量与生产效率。工艺路线设计的主要内容包括工序划分和工序安排。

1. 工序划分

根据数控加工的特点，数控加工工序的主要划分方法如下：

(1) 以一次装夹、加工作为一道工序。

(2) 以同一把刀具加工的内容作为一道工序。

(3) 以加工部位划分工序。

(4) 以粗、精加工划分工序。

2. 工序安排

工序顺序的安排应根据零件的结构和毛坯状况、定位和夹紧的需要来考虑，重点是保证定位和夹紧工件的刚度以及有利于保证精度。

三、数控加工工序设计

当数控加工工艺路线设计完成后，各道数控加工工序的内容已经基本确定，接下来便可以着手进行数控加工工序设计。

数控加工工序设计的主要任务是进一步把本工序的加工内容、切削用量、工艺装备、定位和夹紧方式以及刀具的运动轨迹都具体确定下来，为编制加工程序做好准备。

数控加工工序设计内容包括进给路线的确定、零件装夹及夹具选择、对刀点和换刀点的确定、刀具选择、切削用量选择等。

四、数控车削工艺处理

数控车削是数控加工中用得最多的加工方法之一。数控车床加工工序设计是整个工艺设计的关键，其主要内容包括确定加工顺序和进给路线，选择夹具、刀具及切削用量等。

1. 加工顺序的确定

数控车削的主要原则是先粗后精，先远后近。确定加工顺序的一般原则如下：

(1) 上一道工序的加工不能影响下一道工序的定位与夹紧。

(2) 先进行内轮廓的加工工序，后进行外形加工工序。

(3) 以相同定位、夹紧方式，或用同一把刀具加工的工序，最好连续进行，以减少重复定位次数、换刀次数及挪动压紧元件的次数。

(4) 在同一次装夹中进行的多道工序，应先安排对刚度破坏较小的工序。

2. 零件装夹原则

在装夹工件前，一般要考虑以下两个原则：

(1) 尽量减少装夹次数，力争做到在一次装夹后能加工出全部待加工表面，以充分发挥数控机床的效能。

(2) 定位基准要预先加工完毕。当有些零件需要两次装夹时，要尽可能利用同一基准面来加工另一些待加工表面，以减小加工误差。

3. 进给路线的确定

进给路线是刀具在整个加工工序中的运动轨迹，即刀具从对刀点（或机床原点）开始运动，直至返回该点并结束程序所经过的路径，它不但反映了工步的内容，也反映出工步的顺序。工步的划分与安排一般随进给路线来进行。

进给路线确定要点如下：

（1）在保证加工质量的前提下，应寻求最短的进给路线，以减少整个加工过程中的空行程时间，提高加工效率。

（2）保证零件表面粗糙度要求，当零件的加工余量较大时，可采用多次进给逐渐切削的方法，最后留少量的精加工余量（一般为 0.2 ~ 0.5 mm），安排在最后一次进给连续加工出来。

（3）刀具的进刀、退刀应沿切线方向切入和切出，并且在轮廓切削过程中要避免停顿，以免因切削力突然变化而造成弹性变形，致使在零件轮廓上留下刀具的刻痕。

（4）空行程路线应尽量短，大余量毛坯的切削路线应为阶梯路线。

4．夹具的选择

数控加工对夹具的要求主要有两点：一是要保证夹具本身在机床上安装准确；二是要协调零件和机床坐标系的尺寸关系。

车床夹具较简单，有较多夹具实现了通用化和标准化。典型的车床夹具有：以外圆定位的车床夹具，如卡盘、卡头等；以内孔定位的车床夹具，如各类心轴等；以中心孔定位的车床夹具，如各类顶尖、拨盘等。

5．刀具的选择

由于工件的材料、生产批量、加工精度以及机床类型、工艺方案的不同，车刀的种类也异常繁多。根据与刀体的连接及固定方式的不同，车刀主要可分为以下两种：

（1）焊接式车刀

将硬质合金刀片用焊接的方法固定在刀体上称为焊接式刀具。

根据工件加工表面以及用途的不同，焊接式车刀又分为切断刀、外圆车刀、端面车刀、内孔车刀、螺纹车刀以及成形车刀等。

（2）机械夹固式可转位车刀

机械夹固式可转位车刀简称机夹可转位车刀，如图 1—18 所示。它主要由刀柄、刀片、刀垫以及夹紧元件组成。刀片每边都有切削刃，当某切削刃磨损钝化后，只需松开夹紧元件，将刀片转一个位置便可以继续使用。

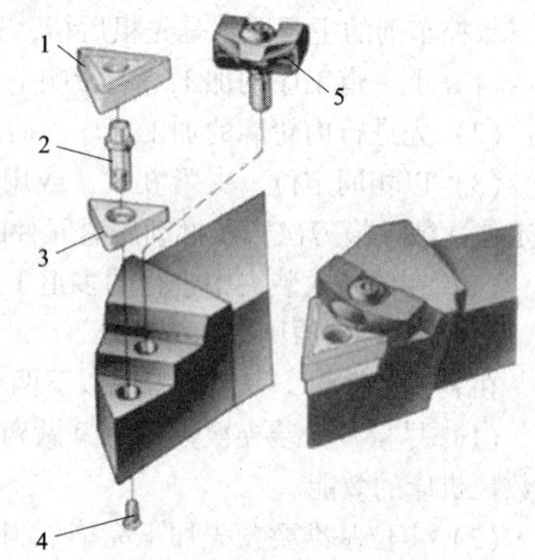

图 1—18　机械夹固式可转位车刀

1—刀片　2—定位销　3—刀垫

4—螺钉　5—楔形压板

6．切削用量的选择

切削用量的选择包括背吃刀量 a_p 的确定、进给速度 v_f 的确定、主轴转速 n 的确定。

（1）背吃刀量 a_p 的确定

在工艺系统刚度和机床功率允许的情况下，应尽可能选取较大的背吃刀量，以减少进给次数。当零件精度要求较高时，则应考虑留出精车余量，其所留的精车余量一般比普通车削时所留的余量少，常取 0.1 ~0.5 mm。

(2) 进给速度 v_f 的确定

进给速度 v_f 的选取应该与背吃刀量及主轴转速相适应。在保证工件加工质量的前提下，可以选择较高的进给速度（2 000 mm/min 以下）。在切断、车削深孔或精车时，应选择较低的进给速度。当刀具空行程特别是远距离“回零”时，可以设定尽量高的进给速度。

有些数控机床规定可以选用进给量 f（单位为 mm/r）表示进给速度。

(3) 主轴转速 n 的确定

1) 光车时的主轴转速。应根据零件上被加工部位的直径，并按零件和刀具材料以及加工性质等条件所允许的切削速度来确定。切削速度除了计算和查表选取外，还可以根据实践经验确定。需要注意的是，交流变频调速的数控车床低速输出转矩小，因而切削速度不能太低。切削速度确定之后，用下面的公式计算主轴转速。

$$n = 1\ 000\ v/\pi d$$

式中 n——主轴转速，r/min；

v——切削速度，mm/min；

d——切削刃选定点所对应的工件或刀具的回转直径，mm。

2) 车螺纹时的主轴转速。在车削螺纹时，车床的主轴转速将受到螺纹的螺距（或导程）大小、驱动电动机的升降频特性以及螺纹插补运算速度等多种因素的影响，故对于不同的数控系统，推荐不同的主轴转速选择范围，需要查机床操作手册后具体确定。

1. 工艺分析有哪些内容？
2. 简述工艺处理的步骤。
3. 在数控车削加工过程中，切削用量的选择应遵循哪些原则？

第五节　手工编程中的数学处理

1. 了解数值计算的内容。
2. 能利用三角函数法求解常见直线与圆弧的切点、交点坐标。
3. 能利用三角函数法求解常见圆弧与圆弧的切点、交点坐标。

一、数值计算的内容

根据零件图样，按照已确定的加工路线和允许的编程误差，计算数控系统所需输入的数据，称为数控加工的数值计算。手工编程时，在完成工艺分析和确定加工路线以后，数值计算就成为程序编制中一个关键性的环节。除了点位加工这种简单的情况外，一般需经烦琐、复杂的数值计算。为了提高工效，降低出错率，有效的途径是利用计算机辅助完成坐标数据的计算，或直接采用自动编程。

1．基点和节点的概念

一个零件的轮廓往往是由许多不同的几何元素所组成的，如直线、圆弧、二次曲线以及阿基米德螺旋线等。各几何元素间的连接点称为基点，如两直线间的交点，直线与圆弧或圆弧与圆弧间的交点或切点，圆弧与二次曲线的交点或切点等。显然，相邻基点间只能是一个几何元素。对于由直线与直线或直线与圆弧构成的平面轮廓零件，由于目前一般机床数控系统都具有直线、圆弧插补功能，故数值计算比较简单。此时，主要应计算出基点坐标与圆弧的圆心点坐标。当零件的形状由直线段或圆弧段之外的其他曲线构成，而数控装置又不具备该曲线的插补功能时，其数值计算就比较复杂。按数控系统插补功能的要求，将组成零件轮廓的曲线在满足允许的编程误差的条件下进行分割，即用若干直线段或圆弧段来逼近给定的曲线，逼近线段的交点或切点称为节点。

2．刀位点轨迹的计算

对刀时是通过一定的测量手段使刀位点与对刀点重合，数控系统从对刀点开始控制刀位点运动，并由刀具的切削刃部分加工出要求的零件轮廓。对于平面轮廓的加工，车削加工时，可以用车刀的假想刀尖点作为刀位点，也可以用刀尖圆弧半径的圆心作为刀位点。铣削加工时，是用平底立铣刀的刀底中心作为刀位点。但无论如何，零件的轮廓形状总是由刀具切削刃部分直接参与切削完成的。因此，在大多数情况下，编程轨迹并不与零件轮廓完全重合。对于具有刀具半径补偿功能的机床数控系统，只要在编写程序时在程序的适当位置写入建立刀补的有关指令，就可以保证在加工过程中使刀位点按一定的规则自动偏离编程轨迹，达到正确加工的目的。这时可直接按零件轮廓形状计算各基点和节点坐标，并作为编程时的坐标数据。

对于某些简易数控系统，如简易数控车床，只有长度补偿功能而无半径补偿功能，编程时为保证精确地加工出零件轮廓，就需要做某些补偿计算。在编制用球头刀加工三坐标立体型面零件的程序时要算出球头刀球心的运动轨迹，而由球头刀的外缘切削刃加工出零件轮廓。在编制用带摆角的数控机床加工立体型面零件或平面斜角零件的程序时要算出刀具摆动中心的轨迹和相应摆角值。数控系统控制刀具摆动中心运动时，由刀具端面和侧刃加工出零件轮廓。

3．辅助计算

辅助计算包括增量计算、辅助程序段的数值计算等。

增量计算是仅就增量坐标的数控系统或绝对坐标系统中某些数据仍要求以增量方式输入时，所进行的由绝对坐标数据到增量坐标数据的转换。如在数值计算过程中，已按绝对坐标值计算出某运动段的起点坐标及终点坐标，以增量方式表示时，其换算公式为：

$$增量坐标值 = 终点坐标值 - 起点坐标值$$

计算应在各坐标轴方向上分别进行。例如，要求以直线插补方式使刀具从 a 点（起点）运动到 b 点（终点），已计算出 a 点坐标为（X_a，Y_a），b 点坐标为（X_b，Y_b），若以增量方式表示时，其 X、Y 轴方向上的增量分别为 $\Delta X = X_b - X_a$，$\Delta Y = Y_b - Y_a$。

辅助程序段是指开始加工时，刀具从对刀点到切入点，或加工完毕时，刀具从切出点返回到对刀点而特意安排的程序段。选择切入点位置时应依据零件加工余量的情况，适当离开零件一段距离。选择切出点位置时，为避免刀具在快速返回时发生撞刀现象，也应留出适当的距离。使用刀具补偿功能时，建立刀补的程序段应在加工零件之前写入，加工完成后应取消刀补。某些零件的加工要求刀具“切向”切入和“切向”切出。以上程序段的安排，在确定加工路线时即应明确地表达出来。进行数值计算时，按照加工路线的安排，计算出各相关点的坐标，其数值计算一般比较简单。

二、由直线和圆弧组成零件轮廓时的基点计算

由直线和圆弧组成的零件轮廓可以归纳为直线与直线相交、直线与圆弧相交或相切、圆弧与圆弧相交或相切、一直线与两圆弧相切等几种情况。计算的方法可以是联立方程组求解，也可利用几何元素间的三角函数关系求解。根据目前生产中的零件，将直线和圆弧按定义方式归纳为若干种，并变成标准的计算形式，用计算机求解，则更为方便。

1. 用联立方程组法求解基点坐标

采用联立方程组法求解基点坐标，若直接列解方程组，计算过程是比较烦琐的，为简化计算，可以将计算过程标准化。

（1）直线与圆弧相交或相切

如图 1—19 所示为直线与圆相交，已知直线方程为 $y = kx + b$，求以点（x_0，y_0）为圆心，半径为 R 的圆与该直线的交点坐标（x_C，y_C）。

直线方程与圆方程联立，得联立方程组：

$$\begin{cases}(x - x_0)^2 + (y - y_0)^2 = R^2 \\ y = kx + b\end{cases}$$

经推算后可给出标准计算公式如下：

$$A = 1 + k^2$$

$$B = 2[k(b - y_0) - x_0]$$

$$C = x_0^2 + (b - y_0)^2 - R^2$$

$$x_C = \frac{-B \pm \sqrt{B^2 - 4AC}}{2A} \text{（求 } x_C \text{ 较大值时取“+”号）}$$

$$y_C = kx_C + b$$

上式也可用于求解直线与圆相切时的切点坐标。当直线与圆相切时，取 $B^2 - 4AC = 0$，此时 $x_C = -B/2A$，其余计算公式不变。

（2）圆弧与圆弧相交或相切

如图 1—20 所示为圆弧与圆弧相交，已知两相交圆的圆心坐标及半径分别为（x_1，y_1）、R_1，（x_2，y_2）、R_2，求其交点坐标（x_C，y_C）。

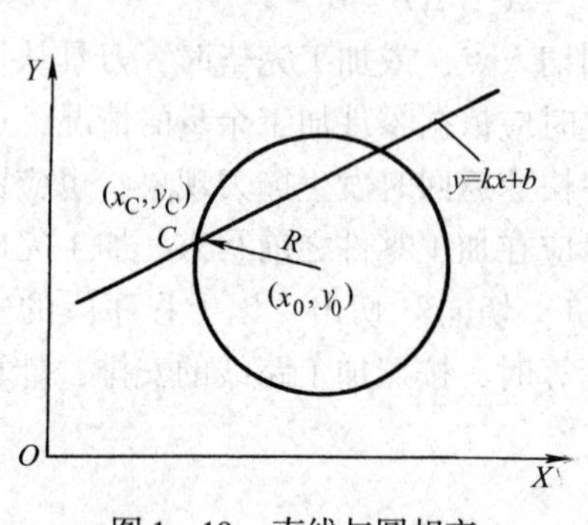

图 1—19　直线与圆相交

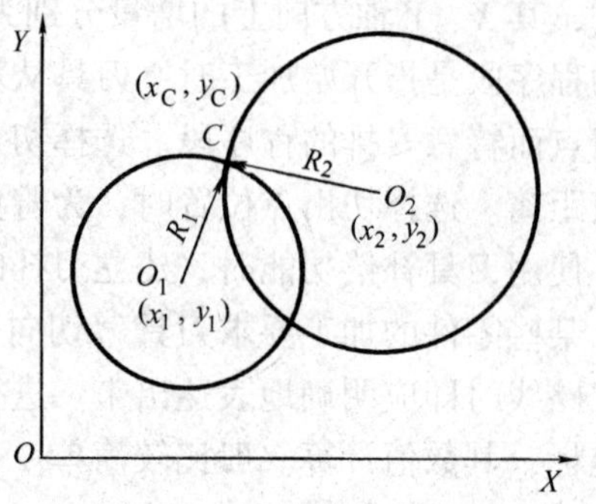

图 1—20　圆弧与圆弧相交

联立两圆方程
$$\begin{cases}(x-x_1)^2+(y-y_1)^2=R_1^2\\(x-x_2)^2+(y-y_2)^2=R_2^2\end{cases}$$

经推算后可给出标准计算公式如下：

$$\Delta x=x_2-x_1$$

$$\Delta y=y_2-y_1$$

$$D=\frac{(x_2^2+y_2^2-R_2^2)-(x_1^2+y_1^2-R_1^2)}{2}$$

$$A=1+\left(\frac{\Delta x}{\Delta y}\right)^2$$

$$B=2\left[\left(y_1-\frac{D}{\Delta y}\right)\frac{\Delta x}{\Delta y}-x_1\right]$$

$$C=\left(y_1-\frac{D}{\Delta y}\right)^2+x_1^2-R_1^2$$

$$x_C=\frac{-B\pm\sqrt{B^2-4AC}}{2A}\text{（求 } x_C \text{ 较大值时取“+”）}$$

$$y_C=\frac{D-\Delta x x_C}{\Delta y}$$

当两圆相切时，$B^2-4AC=0$，因此，上式也可以用于求两圆相切时的切点坐标。

例　如图 1—21 所示的零件轮廓由 4 条直线和 1 个圆弧组成。由图可知，应确定的基点坐标为 A、B、C、D、E 点。其中，A、B、D、E 各点的坐标可直接由图上的数据得出，而 C 点是过 B 点并与圆 O_2 相切的直线和圆 O_2 的切点，根据初等数学，求 C 点坐标（x_C，y_C）。

连接 $\overline{BO_2}$，取中点 O_1，设 O_1 点坐标为（x_1，y_1），O_2 点坐标为（x_2，y_2）。

因 O_1 为 $\overline{BO_2}$ 的中点，用求线段中点的公式可以求出：

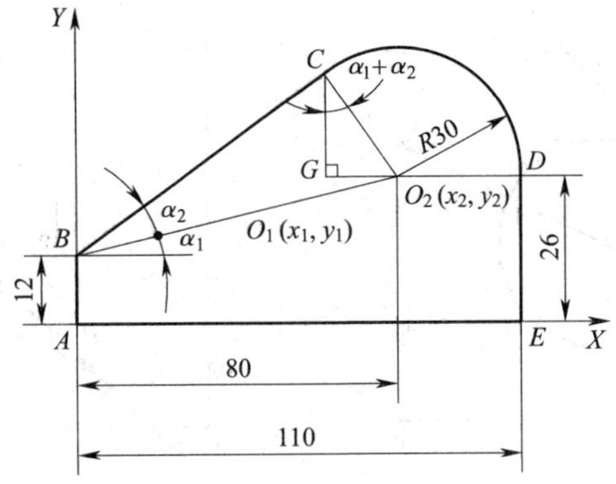

图 1—21　零件的基点

$$x_1 = \frac{x_2 + x_B}{2} = \frac{80 + 0}{2} = 40$$

$$y_1 = \frac{y_2 + y_B}{2} = \frac{26 + 12}{2} = 19$$

令$\overline{O_1O_2} = R_1$，则 $R_1 = \sqrt{(x_2 - x_1)^2 + (y_2 - y_1)^2} = 40.607\ 88$

并令 $R_2 = R = 30$

由图可知 $x_2 = 80$，$y_2 = 26$

至此，用两相交圆标准计算公式所需计算数据全部确定，即：

圆 O_1：$x_1 = 40$，$y_1 = 19$，$R_1 = 40.607\ 88$

圆 O_2：$x_2 = 80$，$y_2 = 26$，$R_2 = 30$

用标准计算公式求解 $\Delta x = 80 - 40 = 40$，$\Delta y = 26 - 19 = 7$

$$D = \frac{(80^2 + 26^2 - 30^2) - (40^2 + 19^2 - 40.607\ 88^2)}{2} = 2\ 932$$

$$A = 1 + \left(\frac{40}{7}\right)^2 = 33.653\ 06$$

$$B = 2 \times \left[\left(19 - \frac{2\ 932}{7}\right) \times \frac{40}{7} - 40\right] = -4\ 649.796$$

$$C = \left(19 - \frac{2\ 932}{7}\right)^2 + 40^2 - 40.607\ 88^2 = 159\ 836.7$$

此处所求两圆交点应为 x_C 较小值，故：

$$x_C = 64.279$$

$$y_C = 51.551$$

2. 用三角函数法求解基点坐标

基点计算的四种类型如图 1—22 所示。

类型一：如图 1—22a 所示，直线与圆相切，求切点坐标。

已知条件：通过圆外一点（x_1，y_1）的直线 L 与一已知圆相切，已知圆的圆心坐标为（x_2，y_2），半径为 R，求切点坐标（x_C，y_C）。

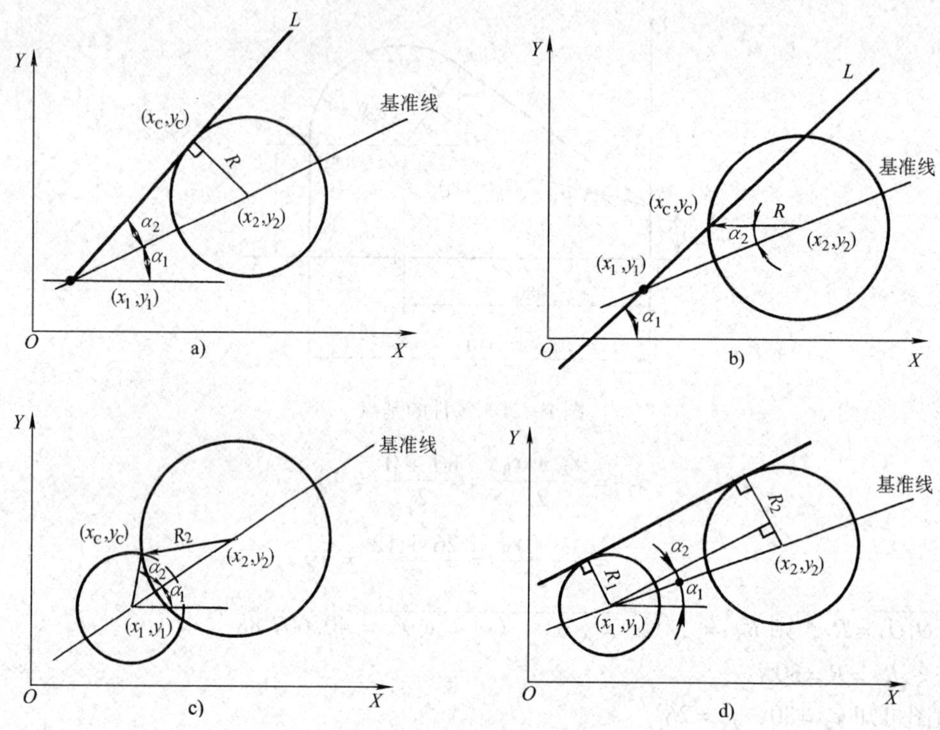

图 1—22　基点计算的四种类型

计算公式如下：

$$\Delta x = x_2 - x_1$$

$$\Delta y = y_2 - y_1$$

$$\alpha_1 = \arctan\frac{\Delta y}{\Delta x}$$

$$\alpha_2 = \arcsin\frac{R}{\sqrt{\Delta x^2 + \Delta y^2}}$$

$$\beta = |\alpha_1 \pm \alpha_2|$$

$$x_C = x_2 \pm R|\sin\beta|$$

$$y_C = y_2 \pm R|\cos\beta|$$

说明：计算 β 时，β 为有向角。由于过已知点（x_1，y_1）与已知圆相切的直线实际上有两条，必须根据实际问题来选择是哪一条切线，在这里用 α_2 前面的“±”号来决定要求的是哪一个切点。当已知直线 L 相对于基准线逆时针方向旋转时，取“+”号；顺时针旋转时，取“-”号，角度取绝对值不大于 90°的那个角。

另外，在计算（x_C，y_C）时，其“±”的选取则取决于 x_C、y_C 相对于 x_2、y_2 所处的象限位置，如果 x_C 在 x_2 右边时取“+”号，反之取“-”号；如果 y_C 在 y_2 上边时取“+”号，反之取“-”号。

类型二：如图 1—22b 所示，直线与圆相交，求交点坐标。

已知条件：设过已知点（x_1，y_1）的直线 L 与 X 轴夹角为 α_1（α_1 为有向角，取角度的绝对值不大于90°的那个角，已知直线相对于 X 轴逆时针方向旋转时为正，反之为负），已知圆心坐标为（x_2，y_2），半径为 R，求已知直线与已知圆的交点 C 的坐标（x_C，y_C）。

计算公式如下：

$$\Delta x = x_2 - x_1$$

$$\Delta y = y_2 - y_1$$

$$\alpha_2 = \arcsin \frac{\Delta x \sin\alpha_1 - \Delta y \cos\alpha_1}{R}$$

$$\beta = |\alpha_1 \pm \alpha_2|$$

$$x_C = x_2 \pm R|\cos\beta|$$

$$y_C = y_2 \pm R|\sin\beta|$$

类型三：如图 1—22c 所示，两圆相交，求交点坐标。

已知条件：两已知圆圆心坐标及半径分别为（x_1，y_1）、R_1，（x_2，y_2）、R_2，求交点坐标（x_C，y_C）。

计算公式如下：

$$\Delta x = x_2 - x_1$$

$$\Delta y = y_2 - y_1$$

$$d = \sqrt{\Delta x^2 + \Delta y^2}$$

$$\alpha_1 = \arctan \frac{\Delta y}{\Delta x}$$

$$\alpha_2 = \arccos \frac{R_1^2 + d^2 - R_2^2}{2R_1 d}$$

$$\beta = |\alpha_1 \pm \alpha_2|$$

$$x_C = x_1 \pm R_1 \cos|\beta|$$

$$y_C = y_1 \pm R_1 \sin|\beta|$$

类型四：如图 1—22d 所示，直线与两圆相切，求切点坐标。

已知条件：两已知圆圆心坐标及半径分别为（x_1，y_1）、R_1，（x_2，y_2）、R_2。一直线与两圆相切，求切点坐标（x_C，y_C）。

计算公式如下：

$$\Delta x = x_2 - x_1$$

$$\Delta y = y_2 - y_1$$

$$\alpha_1 = \arctan \frac{\Delta y}{\Delta x}$$

$$\alpha_2 = \arcsin \frac{R_2 \pm R_1}{\sqrt{\Delta x^2 + \Delta y^2}}$$

$$\beta = |\alpha_1 \pm \alpha_2|$$

$$x_{C1} = x_1 \pm R_1 \sin\beta$$

$$y_{C1} = y_1 \pm R_1 |\cos\beta|$$

同理，

$$x_{C2} = x_2 \pm R_2 \sin\beta$$

$$y_{C2} = y_2 \pm R_2 |\cos\beta|$$

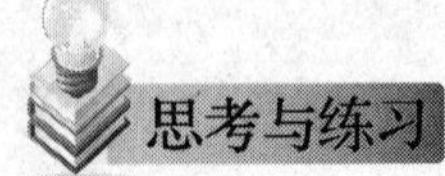

思考与练习

1. 什么是基点和节点？
2. 如图 1—23 所示，利用三角函数法求基点及圆心坐标。
3. 如图 1—24 所示，利用三角函数法求基点及圆心坐标。

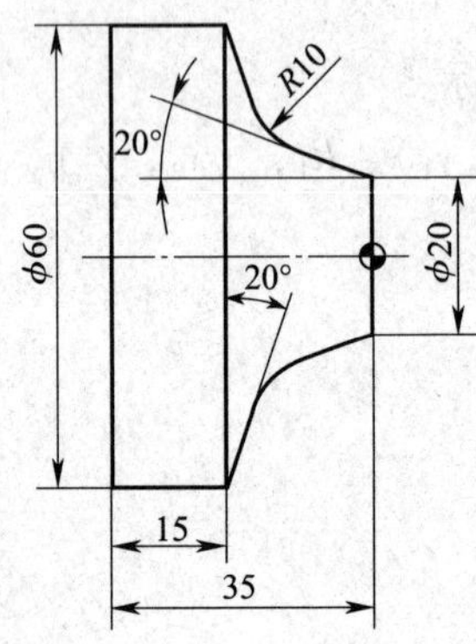

图 1—23　基点计算（一）

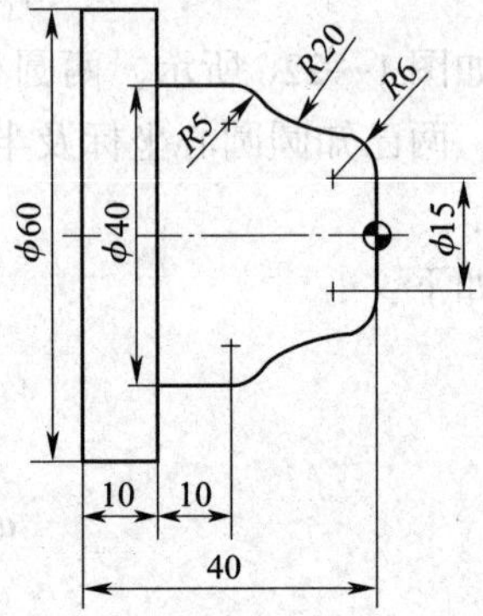

图 1—24　基点计算（二）

第二章

数控车床的基本操作和维护与保养

第一节　FANUC 0i Mate－TD 数控车床面板介绍

1．熟悉 FANUC 0i Mate－TD 系统面板，能通过系统面板输入并编辑程序。
2．熟悉机床操作面板，能通过机床操作面板对机床进行基本操作。

一、FANUC 0i Mate－TD 系统面板介绍

FANUC 0i Mate－TD 系统面板如图 2—1 所示，系统面板分为液晶显示屏区域和编辑面板部分两大区域，编辑面板又分为 MDI 键盘和功能键。

如图 2—2 所示为编辑面板上各键的名称和位置分布，各键功能说明见表 2—1。

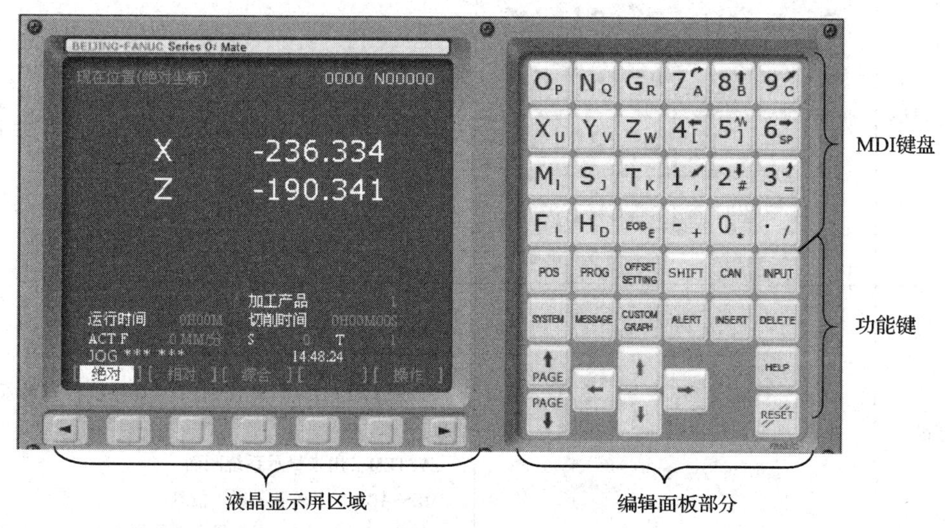

图 2—1　FANUC 0i Mate－TD 系统面板

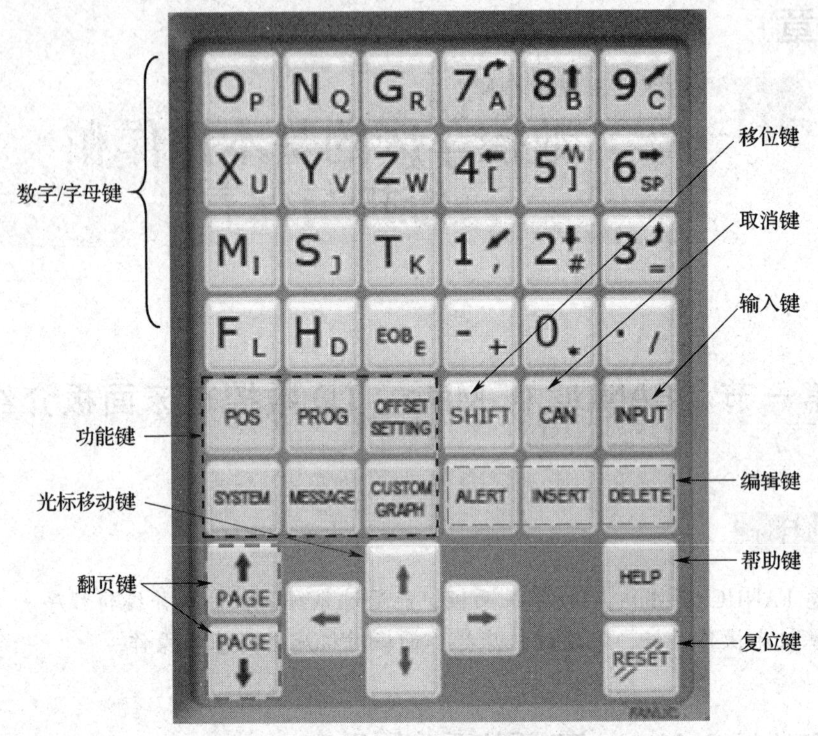

图 2—2　编辑面板上各键的名称和位置分布

表 2—1　　　　　　　　　　**编辑面板各键功能说明**

名称	功能键图标	功能说明
数字/字母键		用于输入数字或者字母 EOB 键为回车换行键，编辑程序时输入“;”换行
功能键		POS：切换 CRT 到机床位置界面 PROG：切换 CRT 到程序管理界面 OFFSET SETTING：用于进行刀具补偿数据的显示与设定 SYSTEM：用来显示系统画面 MESSAGE：用来显示提示信息 CUSTOM GRAPH：用来显示图形画面

续表

名称	功能键图标	功能说明
移位键	 SHIFT	某些键有两个字符，用此键可进行切换
取消键	 CAN	删除输入区最后一个字符
输入键	 INPUT	在输入区域内输入数据或者输入一个外部的数控程序
编辑键	 ALERT INSERT DELETE	ALERT：编辑程序时修改光标块内容 INSERT：编辑程序时在光标处插入内容，或者插入新程序 DELETE：编辑程序时删除光标块的程序内容，或者删除程序
翻页键	 ↑PAGE PAGE↓	使屏幕向前或向后翻一页，在检查程序和诊断时使用
光标移动键	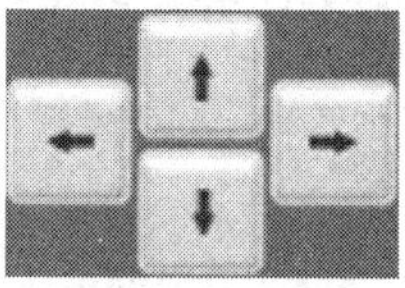 ↑ ← → ↓	控制光标在操作区上下、左右移动，在修改程序或参数时使用
帮助键	 HELP	显示如何操作机床，可在 CNC 发生报警时提供报警信息
复位键	 RESET	用来对 CNC 进行复位，或清除报警信息

二、机床操作面板介绍

如图 2—3 所示为 FANUC 0i Mate－TD 系统数控车床的机床操作面板。机床操作面板功能介绍见表 2—2。

图 2—3　机床操作面板

表 2—2　　机床操作面板功能介绍

按键	名称	功能
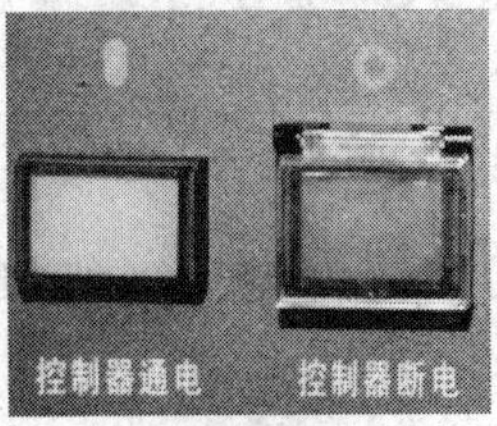	电源开关	系统电源开关，包括“控制器通电”和“控制器断电”两个按钮
	机床准备	打开驱动开关
	程序保护	程序保护锁
	紧急停止	紧急停止按钮

续表

按键	名称	功能
机床 控制器 电源 准备好 电源 M02/M30 报警 控制器 主轴 润滑 刀塔 回零 X Z	指示灯	状态指示灯
跳步	跳步	按下此键时，程序中的“/”有效
单步	单步	按下此键时，运行程序时每次执行一条数控指令
空运行	空运行	按下此键时，程序中的插补运动均以快速运行方式执行
MST锁定	MST 锁定	按下此键时，程序中 MST 功能被锁定
机床锁定	机床锁定	按下此键时，机床被锁定，不能执行运动
选择停	选择性停止	按下此键时，程序中的“M01”代码有效
内外卡盘	内外卡盘	通过按此键选择内、外卡盘方式
F1 F2 F3	自定义	厂家自定义按键（该机床未定义）
刀库 正转 反转	刀库	利用该键手动控制刀架正转、反转
顶尖 向前 向后	顶尖	利用该键控制顶尖前后移动

续表

按键	名称	功能	
	冷却	按下此键时，冷却泵打开	
	手动润滑	按下此键时，开启润滑加油装置	
	排屑	按下此键时，开启排屑器	
	工作灯	按下此键时，打开工作灯	
	方式选择	示教	进入示教模式
		DNC	进入 DNC 模式，输入/输出资料
		回零	进入回零模式。机床首先必须执行回零操作，然后才可以运行
		快速	进入手动快速移动模式
		手轮	进入手轮模式
		手动	进入手动模式，连续移动机床
		MDI	进入 MDI 模式，手动输入并执行指令
		自动	进入自动加工模式
		编辑	进入编辑模式，用于直接通过操作面板输入数控程序和编辑程序
	进给倍率	此旋钮用于调整手动进给或自动加工过程中插补进给速度	
	主轴倍率	此旋钮用于调整主轴转速	

续表

按键	名称	功能
程序启动	程序启动	程序运行开始，“方式选择”旋钮旋至“自动”或“MDI”时按下有效，其余模式下使用无效
进给保持	进给保持	程序运行暂停，在程序运行过程中，按下此按钮运行暂停，再按“START”按钮，从暂停的位置开始执行
手轮快速/倍率 X1 F0　X10 25%　X100 50%　100%	点动步长选择	×1、×10、×100分别代表移动量为0.001 mm、0.01 mm、0.1 mm；F0、25%、50%、100%分别设定快速手动进给速度
主轴 正转 停止 反转	主轴控制	控制主轴正转、停止、反转
轴选择 X Z	进给轴选择	用于选择 X 或 Z 进给轴
手动 + −	手动进给	机床进给轴正向或负向移动
FANUC	手轮	当“方式选择”旋钮旋至“手轮”时，转动该手轮可以控制机床的进给轴运动

思考与练习

1. 简述机床系统面板和机床操作面板上各键和旋钮的功能。
2. 机床操作面板上的“方式选择”旋钮可以选择哪些操作方式？

第二节　数控车床基本操作

1．能熟练操作机床（包括开机、关机、回零、手动操作）。
2．能熟练操作机床，掌握 MDI 输入、程序编辑、刀具参数设置、自动加工等机床操作方法。

一、开机与关机

开机时首先打开机床电气柜电源开关，然后按机床操作面板的“控制器通电”按钮，打开机床电源；检查“急停”按钮是否为松开状态，若未松开，旋转“急停”按钮，将其松开；再按“机床准备”按钮，开启机床电源。

关机步骤与开机步骤相反：按“RESET”复位键复位系统→按“急停”按钮→按机床操作面板上的“控制器断电”按钮→关闭机床总电源。

二、回零操作

回零又叫回机床参考点，开机后，首先必须进行回零操作，其目的是建立机床坐标系。其操作方法有以下两种：

1．手动方式

将“方式选择”旋钮旋转至“回零”状态，按轴选择“X”键，再按手动“+”键，则 X 轴回至参考点；按轴选择“Z”键，再按手动“+”键，则 Z 轴回至参考点。

2．MDI 操作

将“方式选择”旋钮旋转至“MDI”状态，进入 MDI 操作界面，输入“G28 U0 W0”，再按“程序启动”按钮即可。

注意：在回零操作之前，确保当前位置为参考点的负方向一段距离。一般在回零操作时，为了安全，应先回 X 轴，再回 Z 轴。

三、手动操作

1．手动/连续方式

将机床操作面板上“方式选择”旋钮旋转至“手动”状态，机床进入手动操作模式。通过“轴选择”按键，选择需要移动的 X 或 Z 坐标轴，按“手动”键，控制轴的正、负方向的移动。

2．手轮操作

刀架的运动可以通过手轮来实现，在微动、对刀、精确移动刀架等操作中使用此功能。

通过“轴选择”键选择要移动的轴，通过手轮的转动实现刀架的移动。

将机床操作面板上“方式选择”旋钮旋转至“手轮”状态，系统进入手轮操作方式。

(1) 按下“轴选择”键中的X或Z，选择需要移动的坐标轴。

(2) 调节“手动快速/倍率”按钮中的×1、×10、×100键，选择合适的倍率。

选择“×1”时，手轮每转动一格相应的坐标轴移动0.001 mm。

选择“×10”时，手轮每转动一格相应的坐标轴移动0.01 mm。

选择“×100”时，手轮每转动一格相应的坐标轴移动0.1 mm。

(3) 旋转“手轮”就可精确控制机床进给轴的移动。坐标轴的移动方向由手轮的转向控制，顺时针转动手轮，坐标轴向正方向移动；逆时针转动手轮，坐标轴向负方向移动。

四、MDI操作

MDI方式也叫数据输入方式，它具有从操作面板输入一个程序段或指令并执行该程序段或指令的功能。常用于启动主轴、换刀、对刀等操作中。

具体操作步骤如下：

1. 将机床操作面板上“方式选择”旋钮旋转至“MDI”状态，进入MDI方式。在功能键盘上按“PROG”键，进入编辑页面。

2. 按“程序启动”按钮运行程序。用“RESET”可以清除输入的数据。

五、编辑方式

在编辑方式下，可以对程序进行编辑和修改。

1. 显示程序存储器的内容

(1) 将“方式选择”旋钮旋转至“编辑”状态。

(2) 按“PROG”键显示程式（PROGRAM）画面。

(3) 按【LIB】软键，屏幕显示存储器内容，如图2—4所示。

2. 输入新的加工程序

(1) 将“方式选择”旋钮旋转至“编辑”状态。

(2) 按“PROG”键显示程式（PROGRAM）画面。

(3) 输入程序名O0001，按“INSET”键确认，建立一个新的程序号，屏幕显示如图2—5所示。然后即可输入程序的内容。

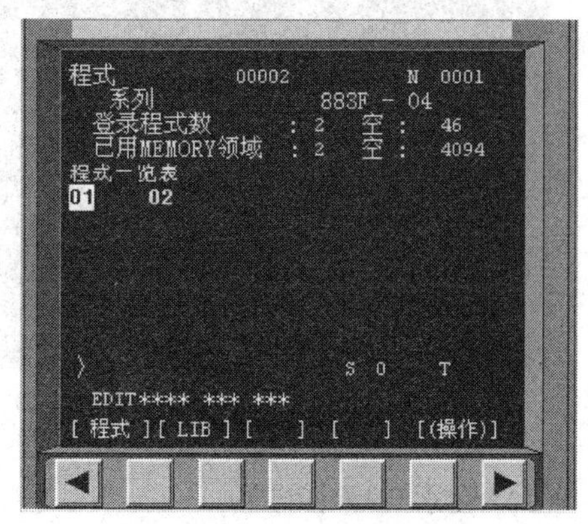

图2—4 显示存储器内容

（4）每输入一个程序句后按“EOB”键表示语句结束，然后按“INSET”键将该语句输入。输入结束，屏幕显示如图 2—6 所示。

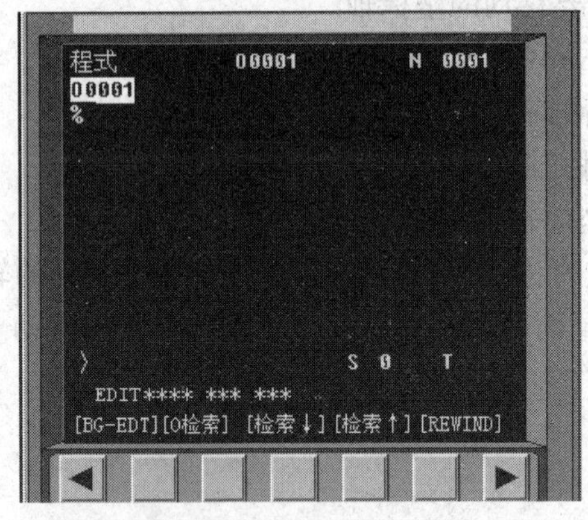

图 2—5　建立新程序号

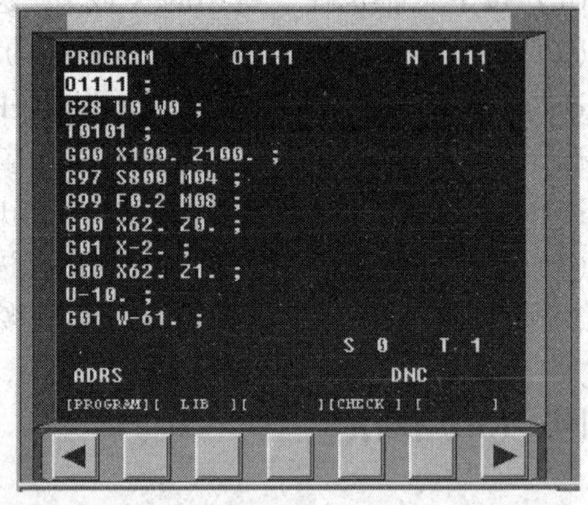

图 2—6　程序输入显示

3. 编辑程序

（1）检索程序

1）将“方式选择”旋钮旋转至“编辑”状态。

2）按“PROG”键显示程式画面。

3）输入要检索的程序号（如 O0001），如图 2—7 所示。

4）按【O 检索】软键，即可调出所要检索的程序。

（2）检索程序段（语句）

检索程序段需在已检索出程序的情况下进行。

1）输入要检索的程序段号，如 N6。

2）按【检索↓】软键，光标即移至所检索的程序段 N6 所在的位置，如图 2—8 所示。

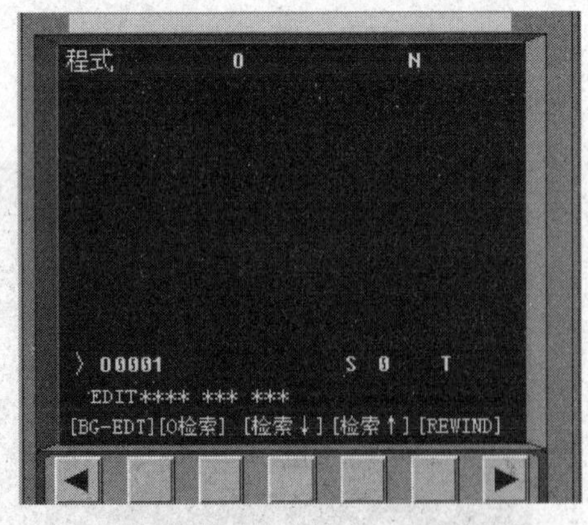

图 2—7　检索程序

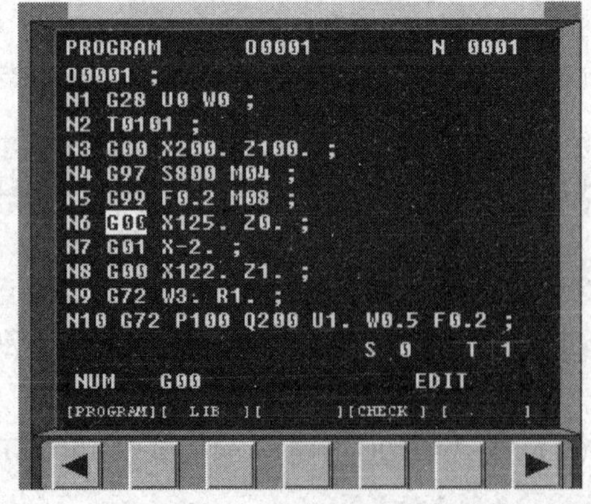

图 2—8　检索程序段

（3）检索程序中的字

1）输入所需检索的字 Z－10.0。

2）以光标当前的位置为准，向前面的程序检索时，按【检索↑】软键；向后面的程序检索时，按【检索↓】软键。光标移至所检索的字第一次出现的位置。

（4）字的修改

例如，将 Z－10.0 改为 Z1.0。

1）将光标移至 Z－10.0 位置（可用检索方法）。

2）输入要改变的字 Z1.0，如图 2—9 所示。

3）按“ALERT”键，Z1.0 将 Z－10.0 替换，如图 2—10 所示。

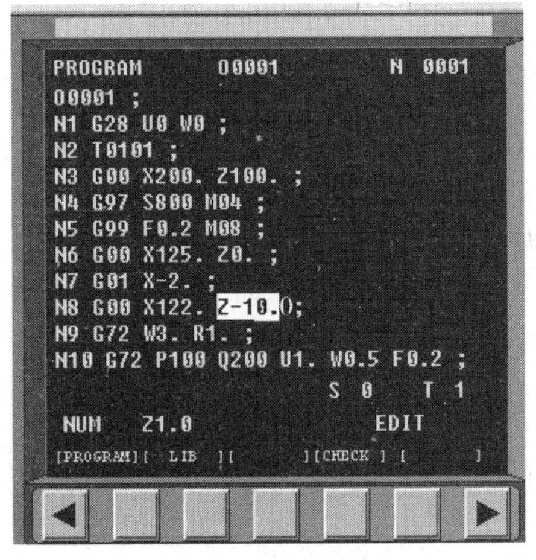

图 2—9　输入指令字

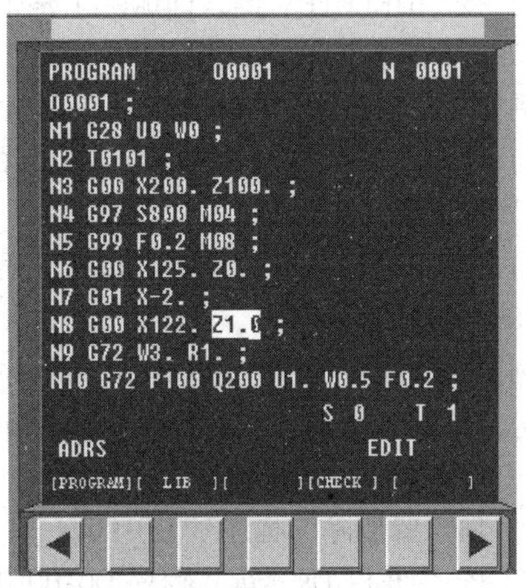

图 2—10　替换指令字

（5）删除字

例如，“N8 G00 X122.0 Z1.0;”删除其中的 Z1.0。

1）将光标移至要删除的字 Z1.0 位置，如图 2—11 所示。

2）按“DELETE”键，Z1.0 被删除，光标自动向后移，如图 2—12 所示。

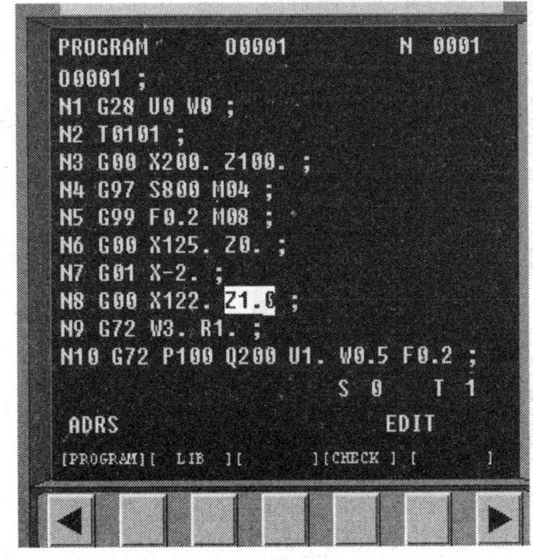

图 2—11　要删除的字

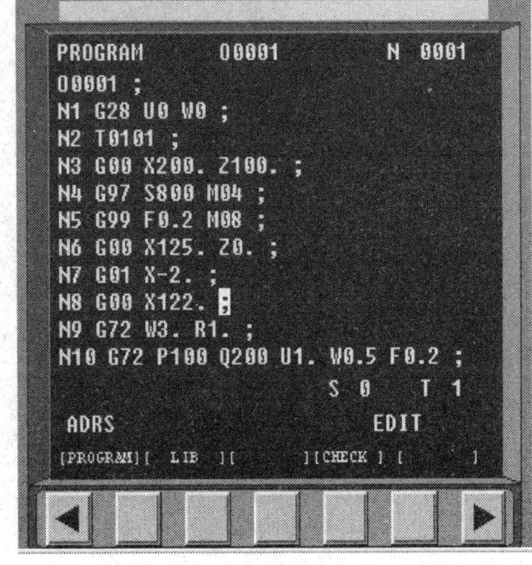

图 2—12　将指令字删除

（6）删除程序段

例如，欲删除此程序段：

O0100；

N1 G50 S3000；

……

1）将光标移至要删除的程序段第一个字 N1 处。

2）按“EOB”键。

3）按“DELETE”键，即删除了整个程序段。

（7）插入字

例如，在程序段“G01 Z20.0；”中插入 X10.0，将其改为“G01 X10.0 Z20.0；”。

1）将光标移至要插入的字前一个字的位置（G01）处。

2）输入 X10.0。

3）按“INSERT”键，插入完成，程序段变为“G00 X10.0 Z20.0；”。

（8）删除程序

例如，欲删除程序号为 O0100 的程序。

1）将“方式选择”旋钮旋转至“编辑”状态。

2）按“PROG”键显示程序画面。

3）输入要删除的程序号 O0100。

4）按“DELETE”键，程序 O0100 被删除。

六、刀具参数设置

刀补参数画面如图 2—13 所示，假设为 1 号刀。

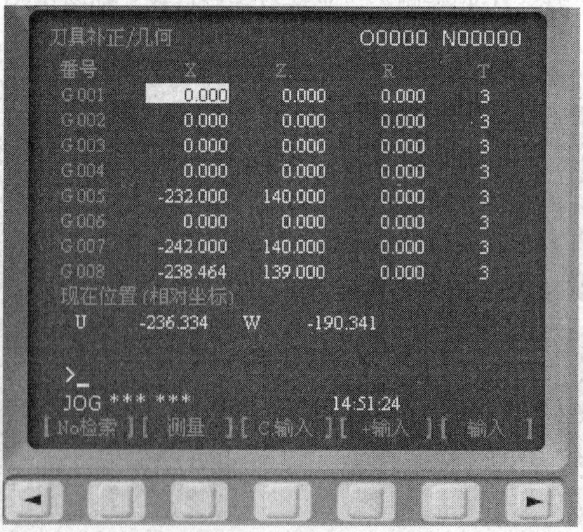

图 2—13　刀补参数画面

对 Z 轴：先车工件端面，按 [OFFSET SETTING]，按菜单软键【形状】，显示如图 2—13 所示的画面，在刀补号 G001 中输入“Z0”，按菜单软键【测量】，则 Z 坐标方向设置好。

对 X 轴：试车外圆一刀，沿 Z 轴方向退刀，停主轴，测量工件直径（假设测量值为 ϕ42.36 mm），然后按 [OFFSET SETTING]，按菜单软键【形状】，显示如图 2—13 所示的画面，在刀补号 G001 中输入“X42.36”，按菜单软键【测量】，则 X 坐标方向设置好。

如果有多把刀对刀，则其余刀具以同样的方法分别碰外圆和端面，设置同样的数据并测量即可。

七、自动加工

数控车床在经过启动、程序编辑、刀具安装、工件装夹及找正、对刀等一系列操作后，便可进入自动加工状态，完成工件最终的实际切削加工。循环运行启动时，还可以利用机床的相关功能，对加工程序、数据设置等进行进一步全面的检查和校验，以确保自动加工时零件的加工质量和机床的安全运行。

1. 自动运行的启动

（1）将“方式选择”旋钮旋转至“自动”状态。

（2）按“PROG”键，输入要运行的程序号，按“光标下移”键打开程序。

（3）按复位键“RESET”，将程序复位，光标指向程序的开头。如图 2—14 所示为自动加工前的状态。

（4）按循环启动键，自动循环运行。

2. 自动加工

在自动运行状态下按“功能选择”区域中不同的键，可以选择进入不同的控制状态。

（1）跳步

自动加工时，系统可跳过某些指定的程序段，称为跳步。在自动运行过程中，按“跳步”键，使跳步功能有效，机床将在运行中跳过带有跳步符号“/”的程序段后向下执行程序。如在某程序段首加上“ / ”（如 /N4 G97 …），且按下“跳步”键，则在自动加工时，N4、N5 两句程序段被跳过不执行，跳步状态如图 2—15 所示；而当释放此开关，“ / ”不起作用，该段程序被正常执行。

（2）单步运行

在自动加工试切时，出于安全考虑，可选择单段执行加工程序的功能。在自动运行中，按下“单步”键，使单步运行有效，机床在执行完一个程序段后停止，每按一次“程序启动”按钮，仅执行一个程序段的动作，可使加工程序逐段执行。

（3）空运行

自动加工启动前，不将工件或刀具装到机床上，进行机床空运转，以检查程序的正确性。按下“空运行”键，使空运行有效，此时按“程序启动”按钮，机床忽略程序指定的进给速度，空运转时的进给速度与程序无关，以系统设定的参数快速运行程序。此操作常与机床锁定功能一起用于程序的校验，不能用于加工零件。

```
PROGRAM        O0001            N  0001
O0001 ;
N1 G28 U0 W0 ;
N2 T0101 ;
N3 G00 X200. Z100. ;
N4 G97 S800 M04 ;
N5 G99 F0.2 M08 ;
N6 G00 X125. Z0. ;
N7 G01 X-2. ;
N8 G00 X122. ;
N9 G72 W3. R1. ;
N10 G72 P100 Q200 U1. W0.5 F0.2 ;
                              S 0    T 1
 ADRS                          AUTO
[PROGRAM][  LIB  ][      ][CHECK ][      ]
```

图 2—14　自动加工前的状态

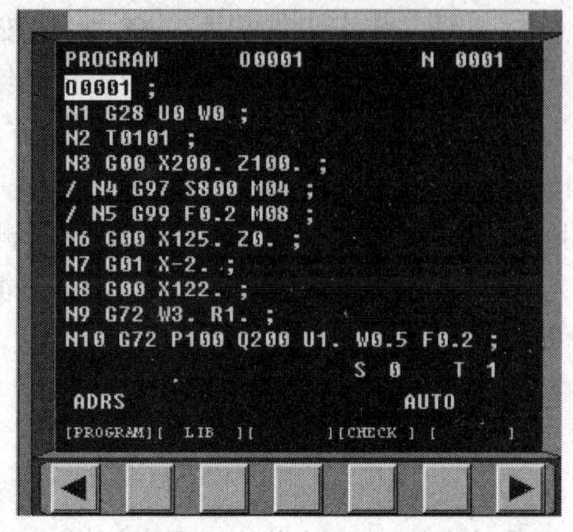

图 2—15　跳步状态

（4）MST 锁定

在自动执行程序时，若按下“MST 锁定”键，可以锁定程序中的 M、S、T 功能，即程序中的 M、S、T 指令将不能执行任何动作。

（5）机床锁定

在自动执行程序时，若按下“机床锁定”键，可以锁定所有进给轴，只能运行程序，但机床不会有任何进给动作。

通常，可以在空运行状态将“MST 锁定”和“机床锁定”功能设置有效，在图形轨迹显示面板上检查运行轨迹，以校验程序的正确性。

（6）图形轨迹显示

对于有图形模拟加工功能的数控车床，在自动加工前，为避免程序错误导致刀具碰撞工件或卡盘，可对整个加工过程进行图形模拟加工，检查刀具轨迹是否正确。在自动运行过程中，按下图形“GRAPH”键可以进入程序轨迹图形模拟状态（见图 2—16），在 CRT 上显示程序运行轨迹，以便对所使用的程序进行检验。

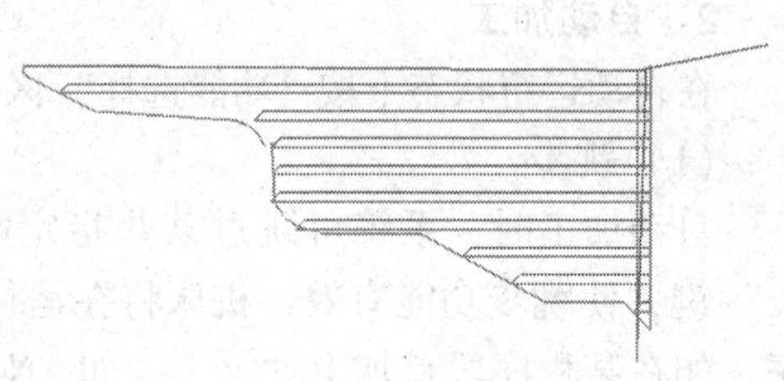

图 2—16　图形轨迹

3. 自动运行的停止

在自动运行过程中，除程序指令中的暂停（M00）、程序结束（M02 和 M30）等指令可以使自动运行停止外，操作者还可以使用操作面板上的“进给保持”按钮、“急停”按钮、复位键等功能来中断或停止机床的自动加工。

1. 怎样在 FANUC 0i 系统中输入一个新的程序？

2. 数控车床的回零方法具体有哪些？

3. 用数控车床加工零件时为什么要对刀？试述试切法对刀的过程。

4. 如何进行程序和程序段的检索？

第三节　数控车床的日常维护与保养

1. 了解数控车床的日常维护要求及维护方法。

2. 熟悉数控车床的安全文明生产要求。

在生产中，数控车床能否达到加工精度高、产品质量稳定、生产效率高的目标，不仅取决于车床本身的精度和性能，还取决于设备是否得到正确的维护和保养。做好数控车床的日常维护及保养工作，可以延长元器件的使用寿命和机械部位的磨损周期，防止意外恶性事故的发生，使数控车床达到良好的技术性能，长时间稳定工作。

一、数控车床日常维护

1. 数控车床日常维护注意事项

数控系统日常维护及保养的要求在数控系统的使用、维修说明书中一般都有明确的规定。总的来说要注意以下几点：

（1）制定数控系统日常维护的规章制度

数控系统编程、操作和维修人员必须经过专门的技术培训，熟悉机床及系统的使用环境、条件等，能按机床和系统使用说明书的要求正确、合理地使用，应尽量避免因操作不当引起的故障。同时，应根据操作规程的要求，针对数控车床各种部件的特点，确定各自的保养条例，如规定哪些地方需要天天清理，哪些部件要定时加油或定期更换等。

（2）应尽量少开数控柜和强电柜的门

除需进行必要的调整和维修，否则不允许随时开启数控柜和强电柜的门，更不允许加工时敞开柜门，以防止现场的油雾、飘浮的灰尘甚至金属粉末落在数控装置内的印制电路板或电子元器件上，引起元器件间绝缘电阻下降并导致元器件及印制电路板的损坏。

（3）定时清理数控装置的散热及通风系统

每次使用前，应检查数控装置上各个冷却风扇工作是否正常，以防止数控装置内温度过高（一般不允许超过55～60℃），致使数控车床不能可靠地工作，甚至发生过热报警现象。

（4）定期检查和更换直流电动机电刷

虽然在现代数控机床上有用交流伺服电动机和交流主轴电动机取代直流伺服电动机及直流主轴电动机的倾向，但使用的直流电动机仍占较大比例。直流电动机电刷的过度磨损将会影响电动机的性能，甚至造成电动机损坏。为此，应对电动机电刷进行定期检查和更换。检查周期随机床使用频率而异，一般为每半年或一年检查一次。

（5）存储器用的电池需要定期更换

存储器如采用 CMOS RAM 器件，为了在数控系统突然停电时能保持存储的内容，备有可充电电池维持电路。在正常电源供电时，由 +5V 电源经一个二极管向 CMOS RAM 供电，同时对可充电电池进行充电；当电源停电时，则改由电池供电维持 CMOS RAM 信息。在一般情况下，即使电池仍未失效，也应每年更换一次，以确保数控系统能正常工作，电池的更换应在 CNC 装置通电状态下进行，以防止数据丢失。

（6）数控车床长期不用时的维护

数控车床处在长期闲置的情况下，需注意以下两点：一是要经常给系统通电，特别是在环境湿度较高的梅雨季节更是如此。在机床锁住不动的情况下，让系统空运行，利用电气元器件产生的热量来驱散数控装置内的潮气，保证电气元器件及部件性能的稳定、可靠。实践证明，在空气湿度较大的地区，经常通电是降低故障率的一大有效措施。二是如果数控机床的进给轴和主轴采用直流电动机来驱动，应将电刷从直流电动机中取出，以免由于化学腐蚀作用使换向器表面腐蚀，造成换向性能变差，使整台电动机损坏。

2．数控车床日常维护及保养

车床说明书中一般对日常维护及保养的范围有每天、不定期、每半年和每年的内容。在数控加工实践中，必须落实每天的维护及保养内容和要求。表 2—3 列举了数控车床日常维护及保养的主要内容。

表 2—3　　数控车床日常维护及保养的主要内容

序号	检查周期	检查部位	检查要求
1	每天	导轨润滑油箱	检查油标、油量，及时添加润滑油，润滑泵能及时启动打油和停止
2	每天	*X*、*Z* 轴及导轨面	清除切屑及杂物，检查润滑油是否充分，导轨面有无划伤、损坏
3	每天	压缩空气源	检查气动控制系统压力应在正常范围内
4	每天	气源自动分水滤气器	及时清理分水器中滤出的水分，保证自动工作正常
5	每天	气液转换器和增压器油面	发现油面不够时及时补足油
6	每天	主轴润滑恒温油箱	工作正常，油量充足并调节温度范围，油箱、液压泵无异常噪声，压力指示正常，管路及各接头无泄漏现象
7	每天	机床液压系统	工作油面高度正常
8	每天	液压平衡系统	平衡压力指示正常，快速移动时平衡阀工作正常
9	每天	CNC 的输入/输出单元	检查输入/输出的接口是否松开
10	每天	各种电气柜散热通风装置	各电气柜冷却风扇工作正常，风道过滤网无堵塞

续表

序号	检查周期	检查部位	检查要求
11	每天	各种防护装置	导轨、机床防护罩等无松动、漏水现象
12	不定期	检查各轴导轨上镶条、压滚轮松紧情况	按机床说明书调整
13	不定期	切削液箱	检查液面高度，切削液太脏时需要更换并清洗箱体，经常清洗过滤器
14	不定期	调整主轴松紧	按机床说明书调整
15	不定期	滚珠丝杠	清洗丝杠上旧的润滑脂，涂上新润滑脂
16	不定期	检查电动机等其他连接口	无松动现象

二、安全文明生产

1. 文明操作规程

（1）严格遵守上课纪律，上课过程中不打闹。

（2）进入岗位必须按规定穿戴好劳动保护用品。

（3）认真执行岗位责任制，严格遵守操作规程，不做与本职无关的事。

（4）非本岗操作者、维护及使用人员，未经批准不得进入或触动机床及辅助设备。

（5）严格听从实习指导教师的上课安排，不得擅自调换岗位。

（6）下课前必须清理现场，搞好机床卫生，对设备进行必要的维护及保养。

2. 安全操作技术

操作时，应牢固树立安全第一的思想。必须提高执行纪律的自觉性，严格遵守安全操作规程。

（1）穿紧身工作服，扎紧袖口，长发操作工应戴工作帽，将头发或辫子塞入帽内。

（2）戴好防护镜，以免切屑飞入眼中。

（3）不准穿高跟鞋或凉鞋进入实习场地。

（4）工作时不准戴手套。车床运转时，不准用棉纱擦拭工件，不准用游标卡尺测量工件，不准用手直接去清理切屑，应用专用钩子。

（5）夹持工件的卡盘、拨盘、鸡心夹头的凸出部分最好使用防护罩，以免绞住衣服及身体的其他部位。如无防护罩，操作时应注意距离。

（6）工件要装夹牢靠，以防止车削时工件飞出伤人。

（7）用砂布打磨工件外表面时，应把刀具移到安全位置，不要让衣服和手接触工件外表面。加工内孔时，不可用手指支撑砂布，应用木棍取代，同时转速不宜太快。

（8）不准使用无柄锉刀，使用锉刀时左手在前，右手在后；不准隔机床传递工具、工件和其他物品。

（9）车床地面上放置的脚踏板必须坚实、平稳，并随时清理其上的切屑，以防止滑倒而发生事故；车床开动时不准坐凳子，以防止打瞌睡发生事故。

（10）不准用手制动转动着的卡盘，工作时不允许擅自离开机床或做与车削无关的工作。

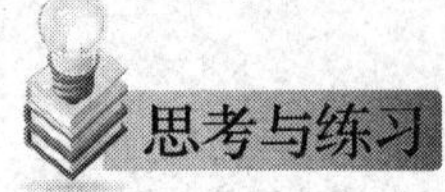

1. 数控车床的日常维护及保养内容有哪些？

2. 试述数控车床的安全文明操作规程。

第三章

数控车床仿真加工

第一节 常用数控仿真软件简介

学习目标

1. 了解常见数控仿真软件的种类。
2. 掌握仿真软件的菜单功能。
3. 能在仿真软件中进行安装工件和刀具的操作。

数控仿真软件将数控设备、工作过程、车削加工方案、系统控制编程等，利用三维模拟技术和大量的图表、数据、解释和习题的方式进行演示和训练，有强大的、富有人性化的教学方法和丰富的习题库。该软件采用数字化3D多媒体的教学模式，从基础数控机械设备介绍，到CAD/CAM自动化系统编程，完全采用现代化仿真模拟数字计算机技术。数控仿真软件广泛应用于教学和生产。

目前，数控仿真软件有CGTech VERICUT、VNUC、宇航、上海宇龙、斯沃等。本书仅以VNUC软件为例介绍。

一、仿真软件的启动与退出

1. 启动VNUC数控仿真单机版软件

单击服务器桌面上的图标或依次单击Windows的“开始”→“程序”→“Legalsoft”→“VNUC5.0”“单机版”。

2. 退出VNUC数控仿真单机版软件

单击VNUC系统主菜单“文件”，选择“退出”，或者按快捷键Ctrl+Q，弹出提示框，询问是否退出，单击“确定”按钮即可退出当前软件。

二、VNUC数控仿真软件功能

VNUC数控仿真软件是我国自行研制开发的包含各种数控系统的仿真软件，可以进行数控机床的各种模拟操作，具有逼真的三维数控机床模型和数控系统仿真操作面板，可实现对零件加工过程仿真，具有三维图形动态旋转、缩放、移动等功能，可实现毛坯、夹具、刀具定义及选用，工件坐标系的设置，数控程序输入、编辑和调试，以及加工仿真。表 3—1 为 VNUC 数控仿真软件的主要功能。

表 3—1　　VNUC 数控仿真软件的主要功能

功能	说　明
数控 G 代码编程练习	可以使用软件的仿真按钮，进行面对机床和数控系统的操作编程模拟练习
模拟仿真加工	在编写好程序后，像数控机床一样，进行一系列的数控加工：设定机床、定义毛坯、设定刀具、基准测量、设定工件坐标系、代码处理、面板操作、测量、自动加工等，最后加工出预想的零件模型
具有多种数控系统	支持 FANUC、西门子、华中数控、广州数控等多种数控系统的不同型号的仿真面板
支持所有 CAD/CAM 系统生成的标准化 G 代码	支持所有 CAD/CAM 软件生成的标准化 G 代码，如 CAXA、UG、Pro/E 等
具备刀具库	软件中除提供一些自带的刀具之外，可进行加工刀具刀柄的标准化选择及自定义使用
夹具、基准、测量功能	软件中提供的夹具包括虎钳、压板、工艺板、三爪自定心卡盘等
教学与管理	软件的项目管理功能可以对使用者操作的数据及操作的结果进行保存与管理，有助于使用者之间学习与交流。软件的教学管理功能充分利用互联网优势，可以实现远程课程培训、教学交流、远程考试等

图 3—1 所示为 VNUC 数控车床仿真软件操作界面组成。

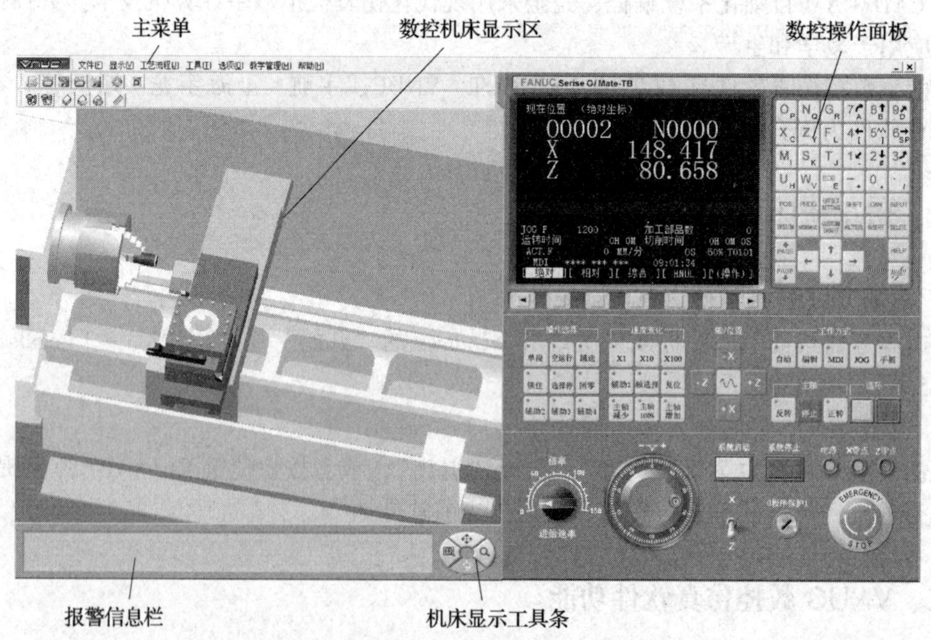

图 3—1　VNUC 数控车床仿真软件操作界面组成

表 3—2 为 VNUC 数控车床仿真软件数控操作界面的内容及功能。

表 3—2　　VNUC 数控车床仿真软件数控操作界面的内容及功能

组成	内容及功能
主菜单	有文件、显示、工艺流程、工具、选项、教学管理和帮助等内容，可以根据需要选择其中某一个菜单条
机床显示工具条	有移动机床、旋转机床、局部放大和放大/缩小等功能，主要用于调整机床的显示方式
报警信息栏	用于显示在操作过程中的警告、通知等信息
数控机床显示区	可以显示在模拟数控机床上装夹工件、刀具选择、对刀、零件加工等方面的操作过程
数控操作面板	由数控系统操作面板和机床操作面板两大部分组成。通过对数控操作面板的操作，可以完成数控车床各项基本操作

三、VNUC 仿真软件操作环境简介

1. 数控仿真软件的文件管理

在进行正式加工之前，可以建立一个新的项目。新建项目的作用有两个：一是新建的项目会将这次操作所选用的毛坯、刀具、数控程序等记录下来，以后想加工同样的零件时，只要打开这个项目文件就可以进行加工，而不必再重新进行设置。二是当操作进行过程中，如果想退出操作留到下次再加工，可以将建立的项目予以保存，下次使用时打开这个项目，还可以接着上一次继续进行操作。

（1）新建项目

单击菜单“文件”→“新建项目”，系统即建立了一个新项目。

（2）保存项目

单击菜单“文件”→“保存项目”，弹出 Windows“另存为”对话框，在对话框中选择要保存项目文件的文件夹，在文件名栏输入项目的名称，单击“保存”按钮保存。

（3）打开项目

单击菜单“文件”→“打开项目”，弹出 Windows“打开”对话框，在对话框中选择保存项目文件的文件夹和文件，单击“打开”按钮打开。

提示：如果打开的是一个已经完成加工工序的项目，则在主窗口中，毛坯已经安装并装夹完毕，工件坐标原点已设好，数控程序已被导入，这时只需要按下机床操作面板上的循环启动按钮即可进行加工。如果打开的是一个未完成的项目，则这时的主窗口内将显示上次保存项目的状态。

2．管理代码文件

（1）保存代码文件

单击菜单“文件”→“保存 NC 代码文件”，弹出如图 3—2 所示的 Windows“另存为”对话框，在对话框中选择要存放代码文件的文件夹，在文件名栏输入代码文件的名称，单击“保存”按钮保存。

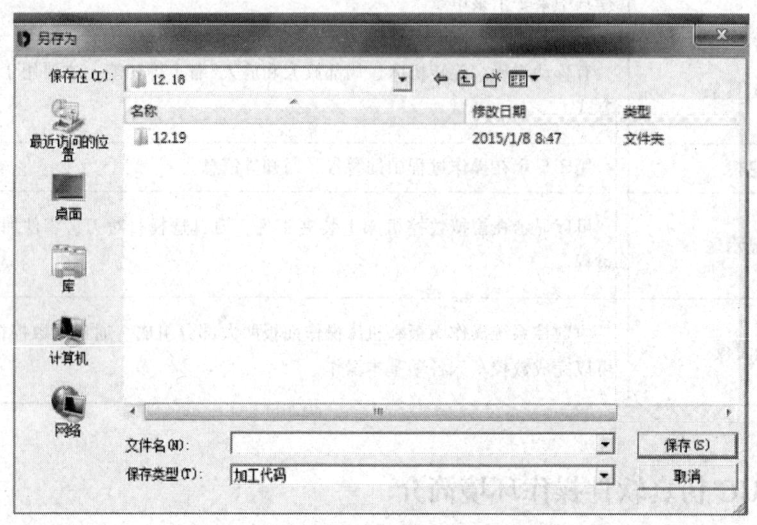

图 3—2　“另存为”对话框

（2）导入代码文件

单击菜单“文件”→“加载 NC 代码文件”，弹出如图 3—3 所示的 Windows“打开”对话框，在对话框中选择保存零件的文件夹和文件，单击“打开”按钮打开。

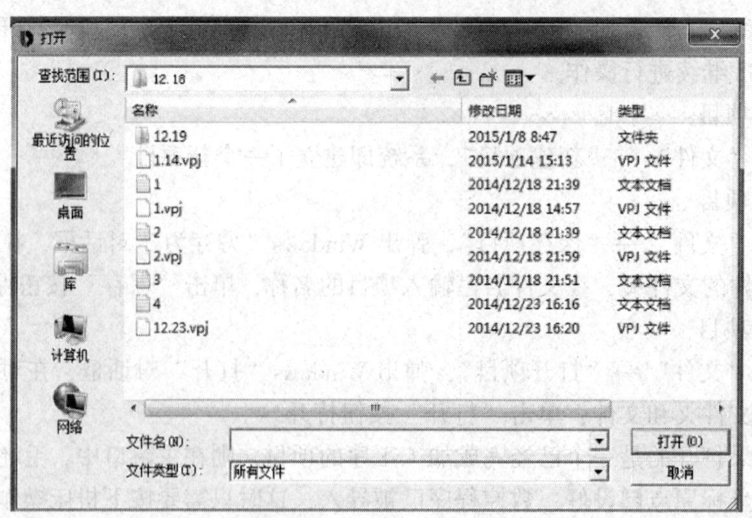

图 3—3　“打开”对话框

四、机床基本操作

1. 选择机床类型

单击菜单“选项”→“选择机床和系统”，弹出“选择机床与数控系统”对话框，如图3—4所示。在“机床类型”栏中选择“卧式车床”，“选择机床”栏中选择“BJCC600前置立式刀塔”，“数控系统”栏中根据需要选择“FANUC 0i Mate－TC”。

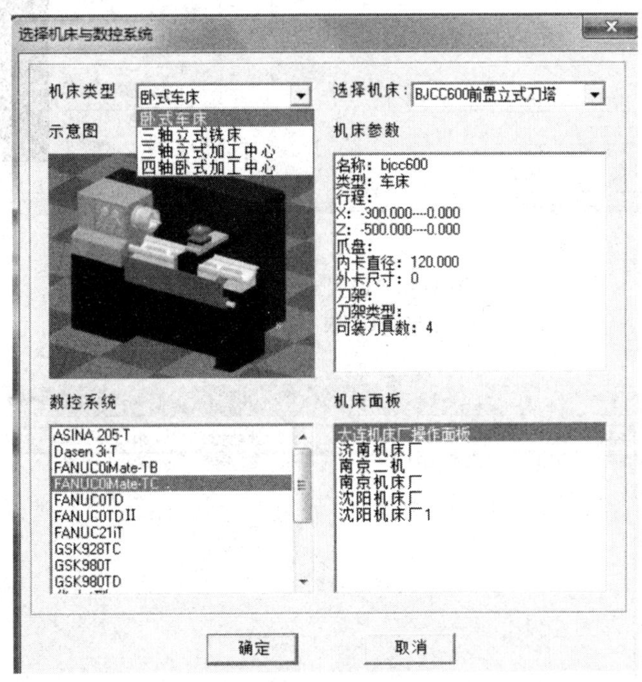

图3—4 “选择机床与数控系统”对话框

2. 毛坯的设置与安装

如图3—5所示，单击菜单“工艺流程”，选择“毛坯”，弹出“毛坯零件列表”，进行工件尺寸规格设置，如图3—6a所示。

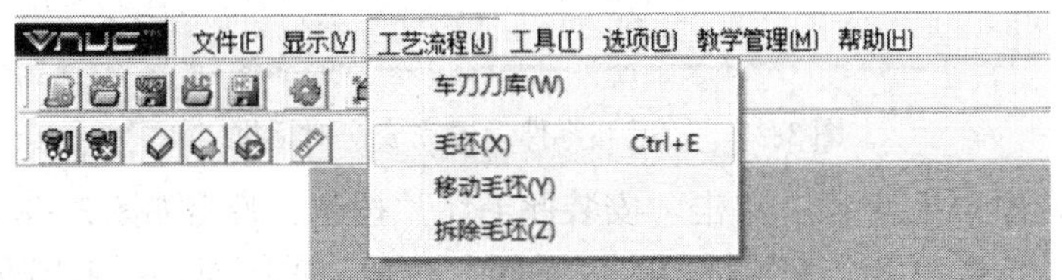

图3—5 选择零件毛坯

单击“新毛坯”按钮，弹出图3—6b所示“车床毛坯”对话框，设置毛坯尺寸规格，设置完成后单击“确定”按钮，返回“毛坯零件列表”，此时列表中出现刚才设置的零件毛坯，如图3—7所示。

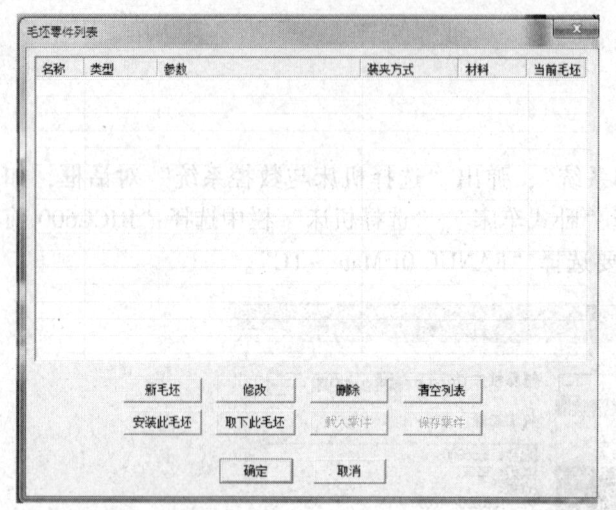

a）

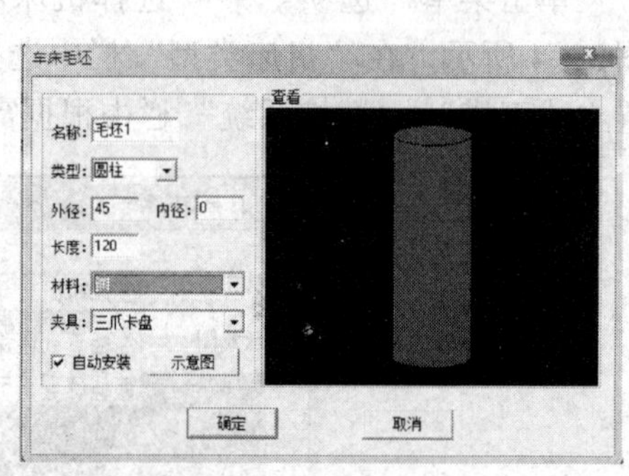

b）

图 3—6　设置毛坯图对话框

a）毛坯零件列表　b）车床毛坯

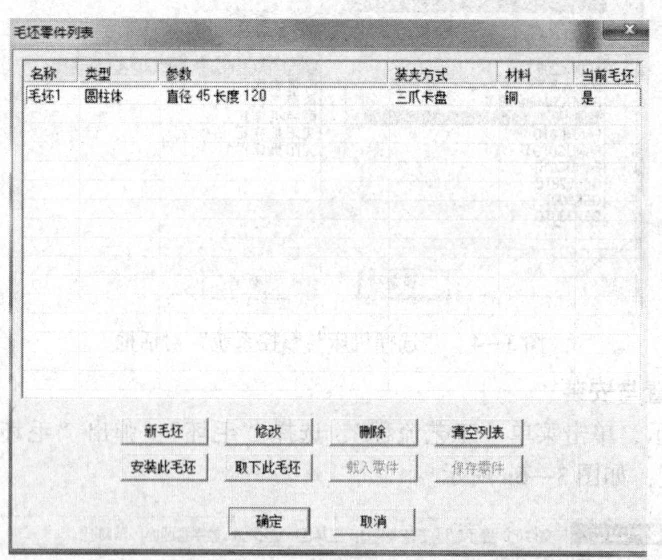

图 3—7　“毛坯零件设置完成”对话框

在对话框中选中“毛坯 1”，单击“安装此毛坯”按钮，弹出如图 3—8 所示对话框，调整毛坯伸出长度，依次单击“夹紧/松开”“关闭”按钮，关闭窗口，毛坯安装完毕。

3. 选择刀具

如图 3—9 所示，单击菜单“工艺流程”，选择“车刀刀库”，弹出如图 3—10 所示“刀库”对话框，根据需要选择刀具类型、刀片形状、刀具形式与主偏角、切削方向、刀尖半径等参数，完成后单击“完成编辑”按钮，刀具设置完成。

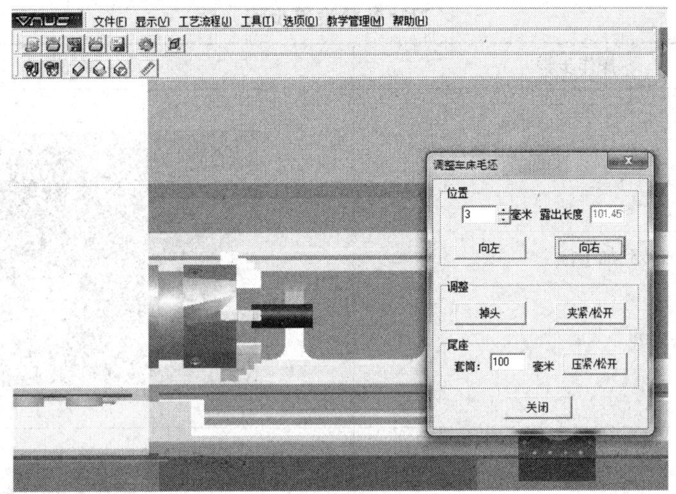

图 3—8 “调整车床毛坯”对话框

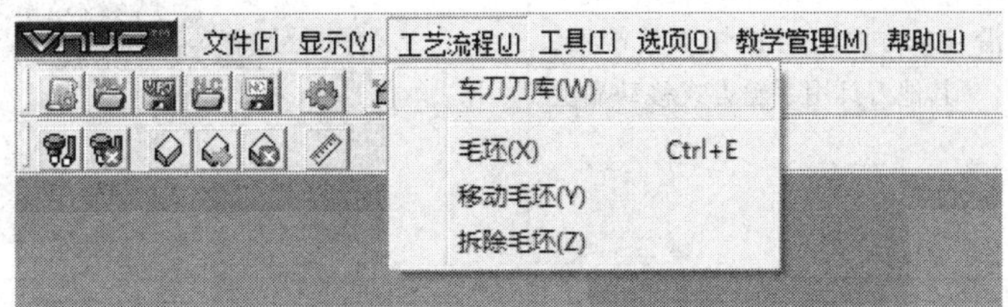

图 3—9 “车刀刀库”菜单

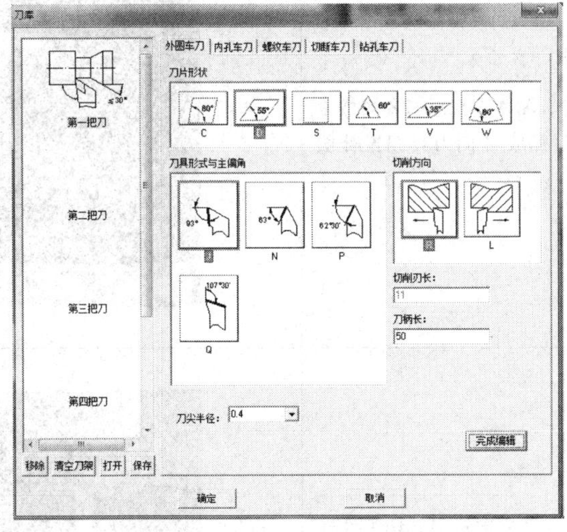

图 3—10 “刀库”对话框

4. 设置刀补参数

数控程序一般按工件坐标系编程，对刀的过程就是建立工件坐标系与机床坐标系之间关系的过程。对刀完成后，设置刀补参数，设置步骤见表 3—3。

表 3—3　　　　　　　　　　　　刀补参数设置步骤

序号	操作步骤	图例
1	将外圆车刀转到加工位	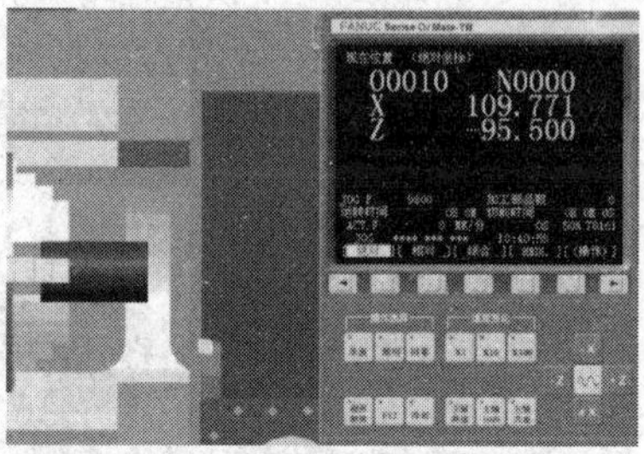
2	*Z* 向对刀操作 用 JOG 手动方式移动刀架靠近工件，用手轮移动刀架沿 - *X* 方向进刀试切工件端面，+ *X* 方向退出（其他刀具用手轮方式移动靠上端面）	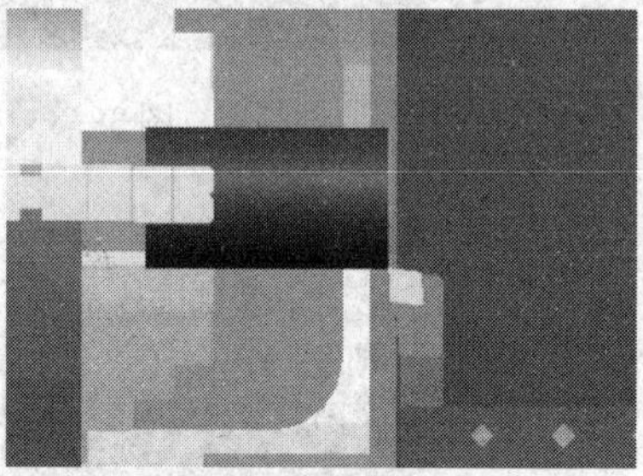
3	*Z* 向刀补设定 在刀具补偿界面中，输入刀位点的 *Z* 测量值 *Z*0，通过计算确认后完成 *Z* 向刀具偏置补偿的设置	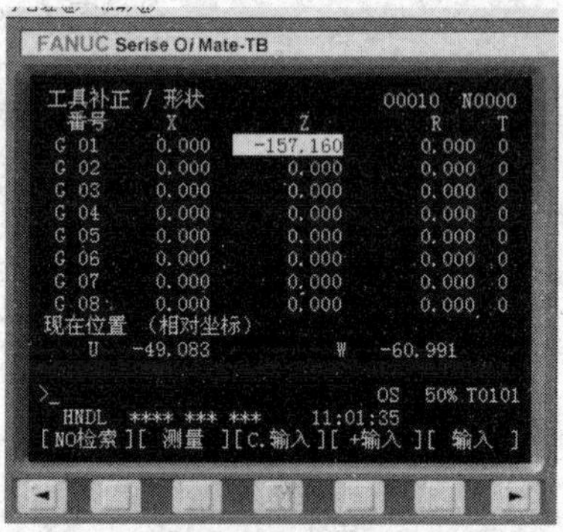
4	*X* 向对刀操作 用手轮移动刀架，- *Z* 方向进刀试切工件外圆，+ *Z* 方向退出	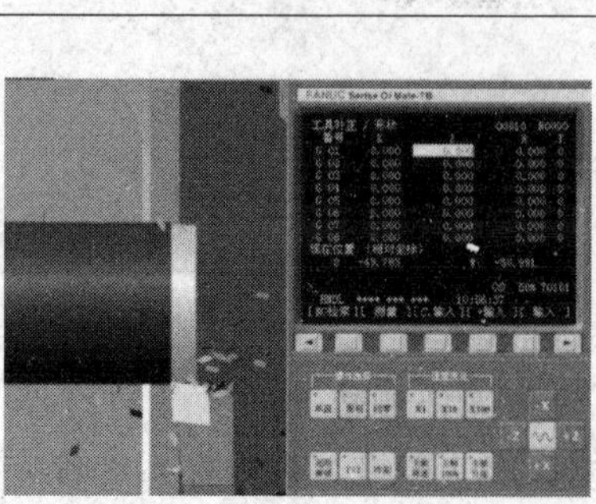

续表

序号	操作步骤	图例
5	*X* 向刀补设定 在刀具补偿界面中输入刀位点的 *X* 测量值（$X = D_{测}$），通过计算确认后完成 *X* 向刀具偏置补偿的设置	
6	在 MDI 方式下，依次输入并执行以下程序段验证刀补： T0101；（调用刀号刀补号） S500 M03；（主轴正转） G0 X31.0 Z1.0；（快速定位至对刀点） G0 X100.0 Z100.0；（退刀） M05；（主轴停）	

第二节　数控仿真软件的应用

学习目标

1. 能根据加工工艺要求选择数控刀具。
2. 能根据现有程序，直接输入数控系统。
3. 能进行对刀、设置刀具参数并自动加工零件。
4. 能用测量功能分析零件加工质量。

工作任务

刀柄拉钉是数控铣床刀柄的重要组成部分，在安装时用于锁紧刀柄，如图 3—11 所示。本次工作任务是要完成该刀柄拉钉的加工，加工要素包含外圆、倒角、圆弧、外三角螺纹。

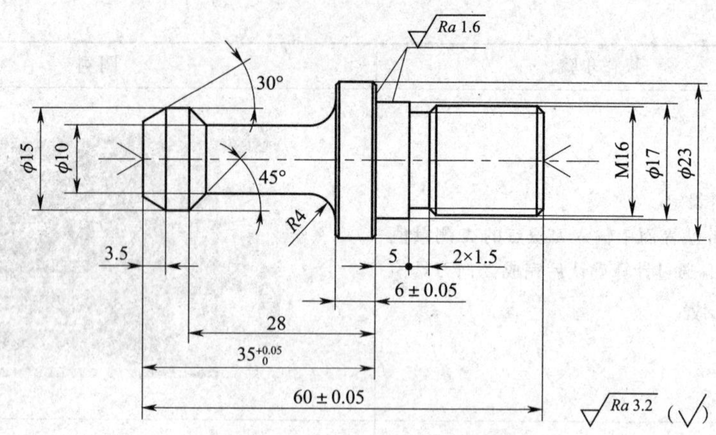

图 3—11　刀柄拉钉零件图

一、图样分析

刀柄拉钉右端为台阶外圆和外三角螺纹，外三角螺纹 M16 为粗牙普通三角螺纹，螺距为 2 mm。刀柄拉钉柄部加工的要素主要是柄部凹轮廓加工，精度要求较高的尺寸主要有：长度 6 ±0. 05 mm、$35^{+0.05}_{0}$ mm 等。

对于尺寸精度要求，主要通过在加工过程中的准确对刀、正确设置刀补及磨耗，以及制定合适的加工工艺等措施来保证。

二、制定加工方案

1. 夹住毛坯外圆，伸出大于 35 mm 的长度：粗车 ϕ17 mm、ϕ23 mm 外圆和 M16 螺纹外圆→精车外轮廓至尺寸→加工退刀槽。

2. 换外三角螺纹刀精加工 M16 外螺纹至尺寸。

3. 夹住已加工的 ϕ17 mm 外圆：车端面，控制总长 60 ±0. 05 mm→粗车 ϕ15 mm 外圆至 ϕ15. 5 mm，长度至 28. 9 mm。

4. 应用 G73 循环功能粗车凹轮廓（45°锥面、*R*4 mm 圆弧和 ϕ10 mm 外圆）。

5. 精车拉钉柄部轮廓。

三、选择刀具及确定切削用量

1. 刀具选择

选择如图 3—12 所示机夹外圆车刀，刀具型号分别为 SVJBR2020K11 和 CRE2020M16CQHD，具体参数见表 3—4。

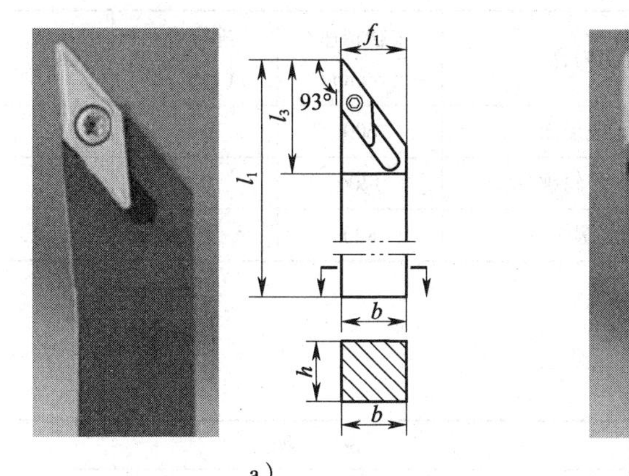

a）

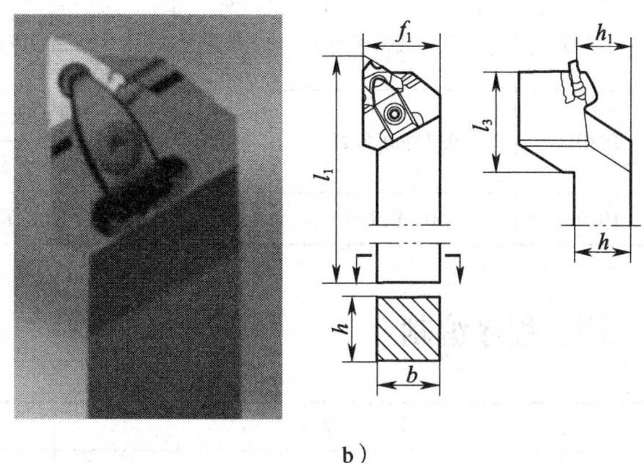

b）

图 3—12　外圆车刀图

a）SVJBR2020K11　b）CRE2020M16CQHD

表 3—4　　**刀具参数表**

应用	刀具型号	尺寸					γ_o/（°）	λ_s/（°）	
		h /mm	b /mm	l_1 /mm	f_1 /mm	l_3 /mm			
93° 50°	SVJBR－2020K11	20	20	125	25	27	0	0	VBMT160414HQ TN60
	CRE－2020M16－CQHD	20	20	120	32	37	0	0	16ER AG60 CP200

注：表中 γ_o 表示前角，λ_s 表示刃倾角。

2．确定切削用量

刀具及切削用量的选择见表 3—5。

表 3—5　　　　数控加工刀具及切削用量选择

刀具号	刀具规格名称	数量	加工内容	主轴转速/（r/min）	进给量/（mm/r）	备注
T0101	93°外圆车刀	1	粗车成形面	600	0.2	
			精车外轮廓	1200	0.1	
T0202	60°螺纹刀	1	加工螺纹	800	1.5	

四、程序编制

程　　序	说　　明
O0001;	（螺纹端加工程序）
M03 S600;	启动主轴，转速 600 r/min
T0101;	选择 1 号刀具（93°外圆车刀）
G00 X31.0 Z2.0;	
G71 U2.0 R1.0;	设定 G71 粗加工参数
G71 P10 Q20 U0.5 W0.1 F0.2;	外轮廓粗加工
N10 G00 X12.8 S1200;	精加工第一个程序段号
G01 Z0 F0.08;	
X15.8 Z-1.5;	
Z-20.0;	
X17.0;	
Z-25.0;	
X22.0;	
X23.0 W-0.5;	
Z-35.0;	
N20 G01 X31.0;	精加工最后一个程序段号
G00 X100.0 Z100.0;	退刀
M05;	主轴停
M00;	程序停
M03 S1200;	启动主轴，转速 1 200 r/min
T0101;	
G00 X31.0 Z2.0;	刀具快速定位
G70 P10 Q20;	外轮廓精加工
S600;	变速
G00 X18.0 Z-15.5;	粗加工退刀槽
G01 X13.5 Z-17.0 F0.1;	
Z-20.0 F0.2;	
X18.0;	
S1200;	变速
G00 Z-15.5;	精加工退刀槽
G01 X13.0 Z-17 F0.1;	

续表

程　序	说　明
Z－20.0 F0.2;	
X18.0;	
G00 X100.0 Z100.0;	快速退刀
M05;	主轴停
M00;	程序停
M03 S800;	主轴转速 800 r/min
T0202;	选择 2 号刀具（60°螺纹刀）
G00 X18.0 Z5.0;	快速定位
G92 X15.1 Z－18.0 F2.0;	G92 循环加工螺纹第一刀
X14.5;	G92 循环加工螺纹第二刀
X14.0;	G92 循环加工螺纹第三刀
X13.7;	G92 循环加工螺纹第四刀
X13.5;	G92 循环加工螺纹第五刀
X13.1;	G92 循环加工螺纹第六刀
G00 X100.0 Z100.0;	退刀
M30;	程序结束

程　序	说　明
O0002;	（拉钉柄部加工程序）
M03 S600;	启动主轴，转速 600 r/min
T0101;	选择 1 号刀具（93°外圆车刀）
G00 X31.0 Z2.0;	
G71 U2.0 R1.0;	设定 G71 粗加工参数
G71 P10 Q20 U0.5 W0.1 F0.2;	外轮廓粗加工
N10 G00 X10.96;	轮廓程序起始段段号
G01 Z0;	
X15.0 Z－3.5;	
Z－28.9;	
N20 G01 X31.0;	轮廓程序末尾段段号
G00 X31.0 Z－7.0;	定位
G73 U3.0 R3.0;	设定 G73 加工参数
G73 P30 Q40 U0.5 W0 F0.2;	凹轮廓粗加工
N30 G01 X15.0;	轮廓程序起始段段号
X10.0 W－2.5;	
Z－25.0;	
G02 X18.0 Z－29.0 R4.0 ;	
N40 G01 U1.0;	轮廓程序末尾段段号
G00 X31.0 Z2.0;	退刀至起点
S1200;	变速

续表

程　序	说　明
G00 X10.96；	定位
G42 G01 Z0 F0.1；	精加工轮廓
X15.0 Z-3.5；	车削30°锥面
Z-7.0；	车外圆
X10.0 W-2.5；	车45°锥面
Z-25.0；	车 ϕ10 mm 外圆
G02 X18.0 Z-29.0 R4.0；	车 R4 mm 圆弧
G01 X22.0；	车端面
X23.0 W-0.5；	车倒角
X31.0；	
G00 X100.0 Z100.0；	退刀
M30；	程序结束

五、零件加工

用 VNUC 仿真软件按工艺步骤加工该零件，加工过程见表 3—6。

表 3—6　　**零件加工操作过程**

序号	步骤	图例
1	夹住毛坯外圆，伸出长度约 40mm，然后夹紧	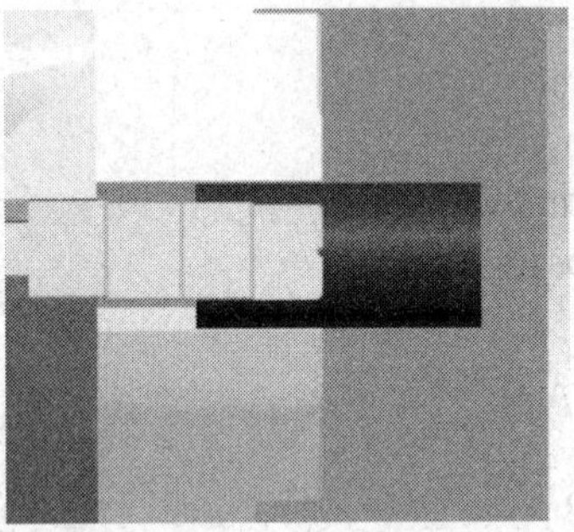
2	T0101、T0202 两把刀具对刀设定并验证刀补	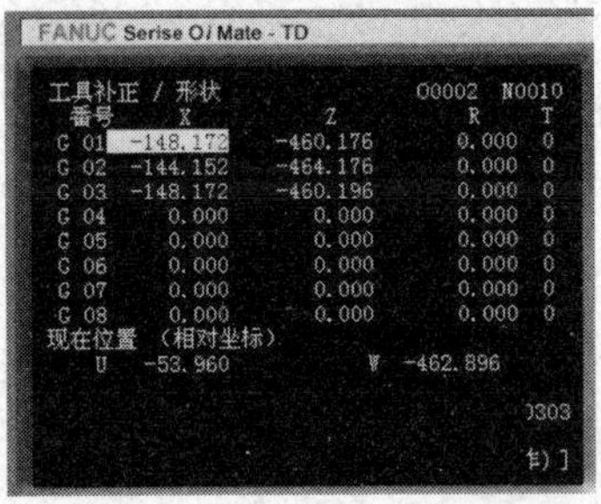

续表

序号	步骤	图例
3	完成 ϕ23 mm、ϕ17 mm、ϕ16 mm 外圆粗、精加工	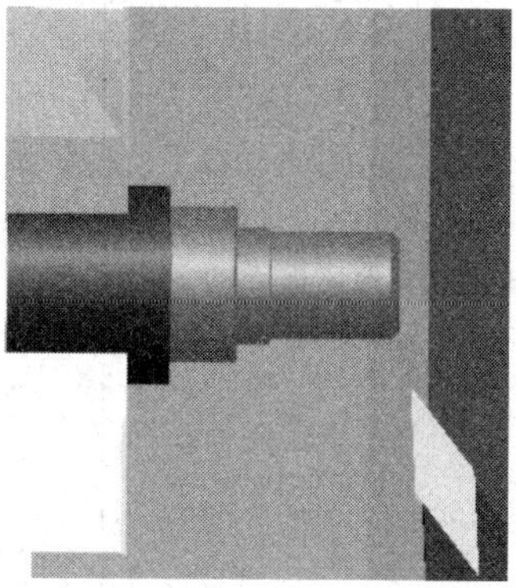
4	运用 T0101 刀具，分粗加工和精加工，完成槽加工，并测量零件	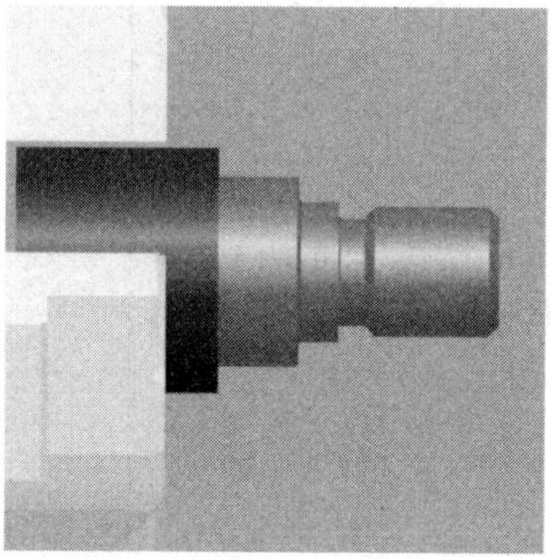
5	用 T0202 螺纹刀具，运用 G92 循环指令加工螺纹，测量检验并补偿控制	

续表

序号	步骤	图例
6	掉头车端面，保证总长 60 mm，并完成 T0101 刀具对刀	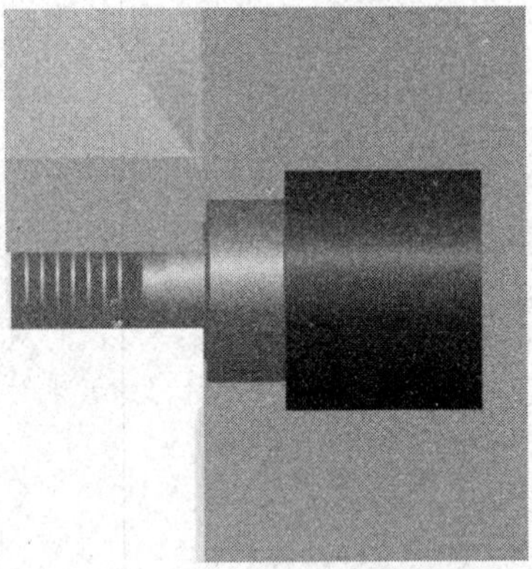
7	用 T0101 刀具，采用 G71 循环指令，粗加工 ϕ15 mm 外圆以及 30°锥面	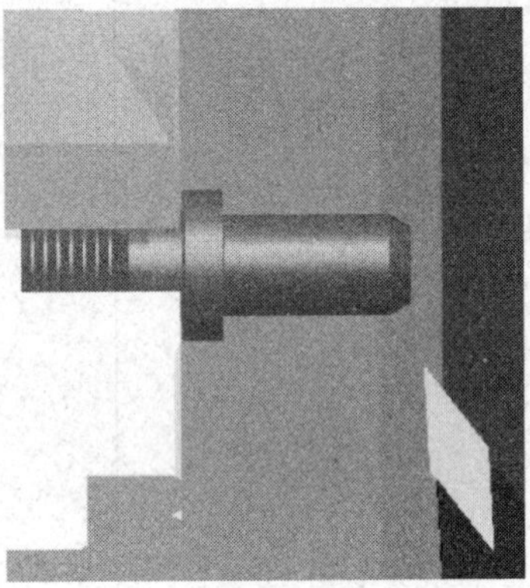
8	用 T0101 刀具，采用 G73 循环指令粗加工凹轮廓 ϕ10 mm 外圆以及 R4 mm 凹圆弧	

续表

序号	步骤	图例
9	用 T0101 刀具，运用刀尖圆弧半径补偿指令 G42，加工轮廓，控制并保证轮廓形状精度	
10	检验合格后取下工件	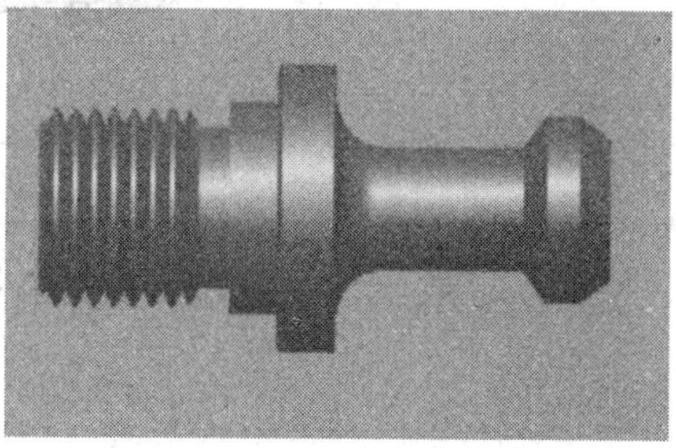

第四章

外轮廓加工

在数控车床上经常加工如图4—1所示的轴类零件，其外表面多为外圆、端面、锥面及圆弧轮廓加工，是零件加工的基本步骤和前期工序。本章主要讲解外轮廓的加工特点、加工工艺和方法、编程及加工误差分析。

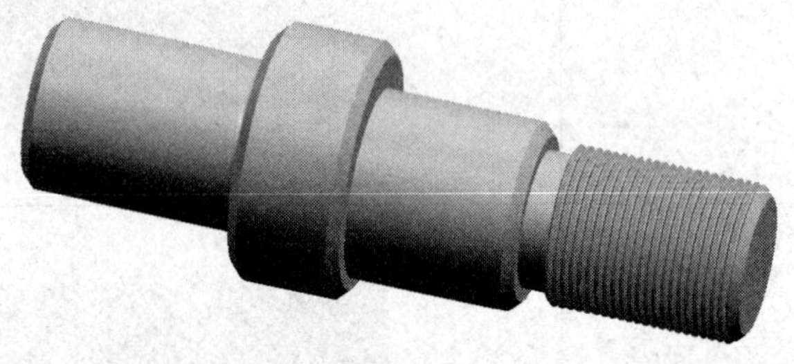

图4—1 轴

第一节 车削外圆/端面及外锥面

学习目标

1. 掌握G00、G01指令的应用。
2. 掌握G90、G94指令的应用。
3. 掌握外圆、端面的加工方法和工艺要求。
4. 认识数控外圆车刀的牌号，能正确安装刀具。
5. 掌握数控加工的操作步骤。

相关理论

要完成本课题零件加工，首先应当围绕以下编程指令进行学习。

一、G00——快速定位

1. 指令格式

G00 X（U）__ Z（W）__；

说明：

X、Z：快速定位的目标位置绝对坐标值（U、W 表示增量值）。

2. 指令功能

G00 是模态代码，该指令是在工件坐标系中以快速移动速度移动刀具到达由绝对或增量指令指定的位置。G00 指令中的快移速度由机床参数“快移进给速度”对各轴分别设定，所以快移速度不能在地址 F 中规定，可由机床操作面板上的快速修调按钮修正。在执行 G00 指令时，由于各轴以各自的速度移动，不能保证各轴同时到达终点，因此，联动直线轴的合成轨迹不一定是直线。

3. 编程实例

如图 4—2 所示，要求刀具快速从 *A* 点移动到 *B* 点，程序如下：

G00 X33.0 Z2.0;

说明：

（1）G00 为模态指令，可由 G01、G02、G03 或 G33 功能注销。

（2）移动速度不能用程序指令设定，而是由系统参数预先设置。

（3）G00 的执行过程：刀具由程序起始点加速到最大速度，然后快速移动，最后减速到终点，实现快速定位。

（4）刀具实际运动路线并不是直线，而是折线，如图 4—2 所示，刀具先沿两轴夹角 45°移动，再沿 *Z* 轴负方向移动，移动时要注意刀具是否和工件干涉。

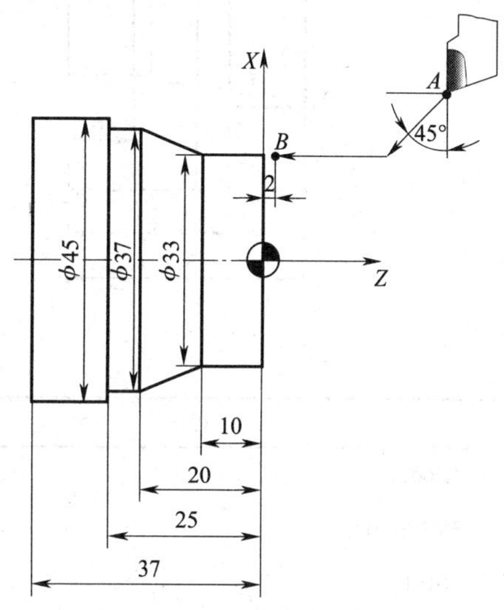

图 4—2 快速定位

（5）G00 一般用于加工前的快速定位或加工后的快速退刀。

二、G01——直线插补

1. 指令格式

G01 X（U）＿ Z（W）＿ F＿;

说明：

X、Z：直线插补的目标位置绝对坐标值（U、W 表示增量值）。

F：进给率。

2. 指令功能

G01 是模态代码，该指令是以直线方式和命令给定的移动速率从当前位置移动到指定位置。

注意：

（1）G01 指令后的坐标值可用绝对值，也可用增量值，由编程者根据情况确定。

（2）进给速度由 F 指令确定，F 指令也是模态指令。

3．编程实例

如图 4—3 所示，加工该零件外轮廓，用 G00、G01 指令编写精加工程序。

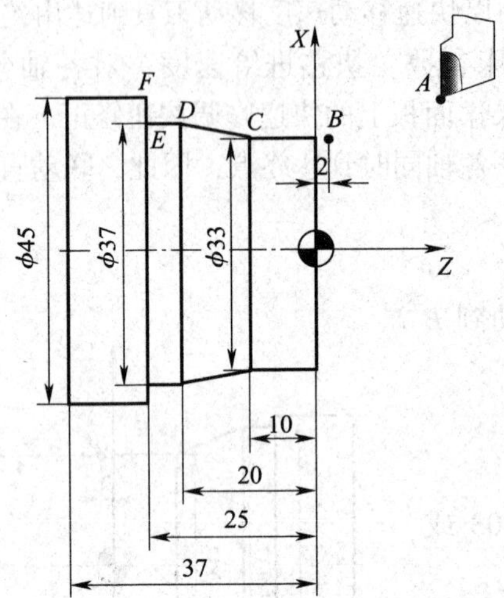

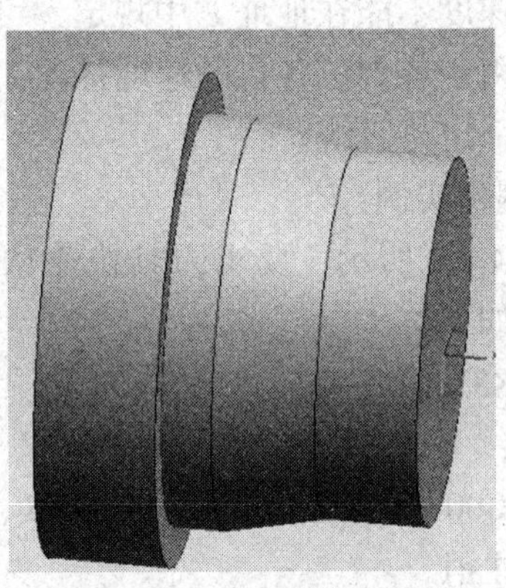

图 4—3　零件图

程序	说明
O0001；	程序名
M03 S1000；	启动主轴，转速 1 000 r/min
T0101；	选择 1 号刀
G00 X33. 0 Z2. 0；	快速定位至起点 B
G01 Z－10. 0 F0. 2；	加工 φ33 mm 外圆至 C
X37. 0 Z－20. 0；	加工锥面至 D
Z－25. 0；	加工 φ37 mm 外圆至 E
X45. 0；	加工端面至 F
G00 X100. 0 Z100. 0；	退刀至安全点
M30；	程序结束

三、G90——单一形状固定循环（外圆/圆锥）

1．指令格式

G90　X（U）＿　Z（W）＿　R＿　F＿；

说明：

X、Z：切削终点的绝对坐标值。

U、W：切削终点的增量坐标值。

R：锥面起始端减终止端的半径差。

F：进给率。

2. 指令功能

如图 4—4 和图 4—5 所示，分别是 G90 车削外圆和圆锥循环轨迹图，刀具从循环起点开始按矩形（或梯形）循环，最后又回到循环起点。图中刀具移动轨迹按照 1→2→3→4 进行，其中 1（R）、4（R）表示快速运动，2（F）、3（F）表示按照 F 指定的进给速度运行，车削外圆可省略 R。

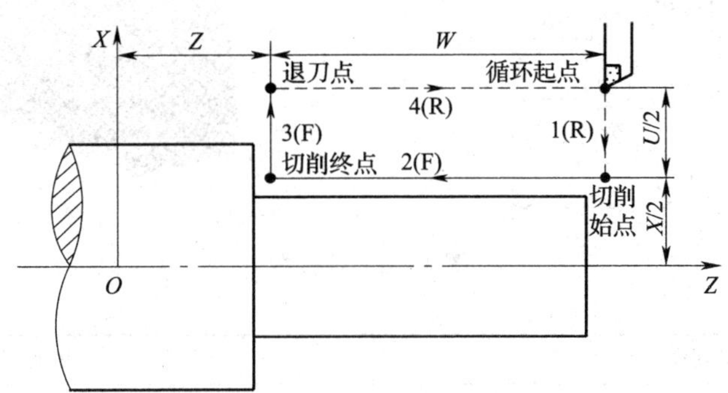

图 4—4　G90 车削外圆循环示意图

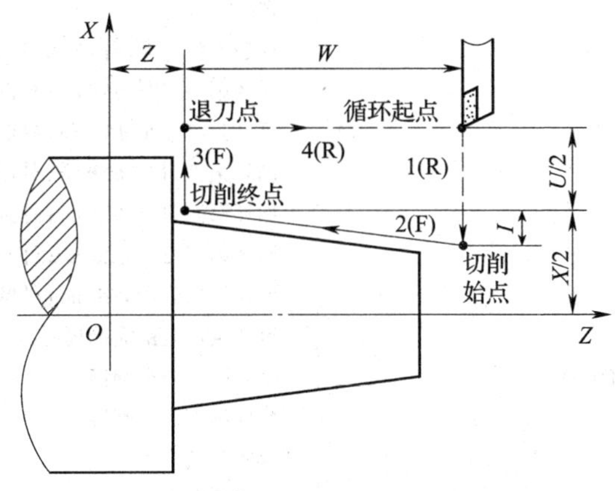

图 4—5　G90 车削圆锥循环示意图

注意：

（1）在固定循环切削过程中，M、S、T 等功能都不能改变，如需改变，必须在 G00 或 G01 的指令下变更。

（2）G90 循环每一步切削加工结束后，刀具自动返回起刀点。

（3）G90 循环第一步移动必须是 *X* 轴单方向移动。

3. 编程实例

应用 G90 循环指令编写如图 4—6 所示零件加工程序。

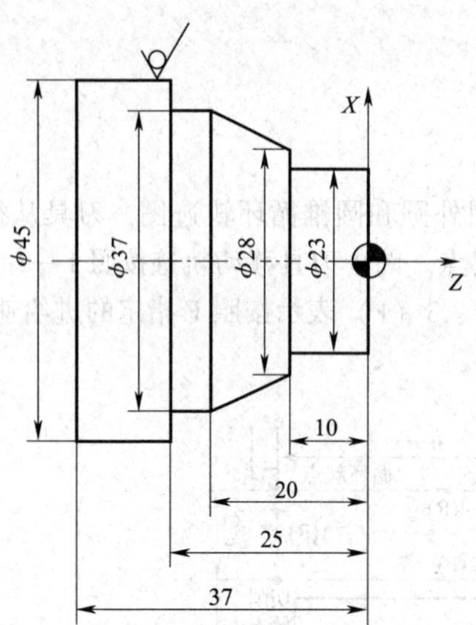

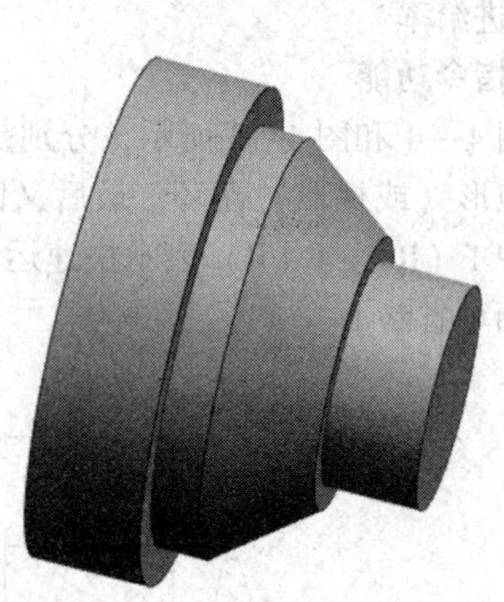

图 4—6　零件图

程序	说明
O0002;	程序名
M03 S600;	启动主轴，转速 600 r/min
T0101;	选择 1 号刀
G00 X46.0 Z2.0;	快速定位至循环前的起点（46，2）
G90 X41.0 Z－25.0 F0.2;	循环第一刀车 ϕ37 mm 外圆至 ϕ41 mm
X37.5;	循环第二刀车 ϕ37 mm 外圆至 ϕ37.5 mm
X33.0 Z－10.0;	循环第三刀车 ϕ23 mm 外圆至 ϕ33 mm
X29.0;	循环第四刀车 ϕ23 mm 外圆至 ϕ29 mm
X25.0;	循环第五刀车 ϕ23 mm 外圆至 ϕ25 mm
X23.5;	循环第六刀车 ϕ23 mm 外圆至 ϕ23.5 mm
G00 X40.0 Z－10.0;	重新定位至锥面循环起点
G90 X41.0 Z－20.0 R－4.5 F0.2;	循环第一刀车圆锥
X37.5;	循环第二刀车圆锥
G00 X46.0 Z2.0;	返回起点
S1200;	变速精车
G00 X23.0;	快速定位
G01 Z－10.0 F0.1;	精加工 ϕ23 mm 外圆
X28.0;	退刀至 ϕ28 mm
X37.0 Z－20.0;	精加工圆锥
Z－25.0;	精加工 ϕ37 mm 外圆
X46.0;	退刀
G00 X100.0 Z100.0;	快速退刀至（100，100）
M30;	结束程序并返回

四、G94——单一形状固定循环（端面）

1．指令格式

G94　X（U）＿　Z（W）＿　F＿；

说明：

X、Z：切削终点的绝对坐标值。

U、W：切削终点的增量坐标值。

F：进给率。

2．指令功能

如图4—7所示为G94车削端面循环轨迹图，刀具从循环起点开始按矩形（或梯形）循环，最后又回到循环起点；图4—7b所示为端面锥度切削轨迹。图中刀具移动轨迹按照1→2→3→4进行，其中1（R）、4（R）表示快速运动，2（F）、3（F）表示按照F指定的进给速度运行。

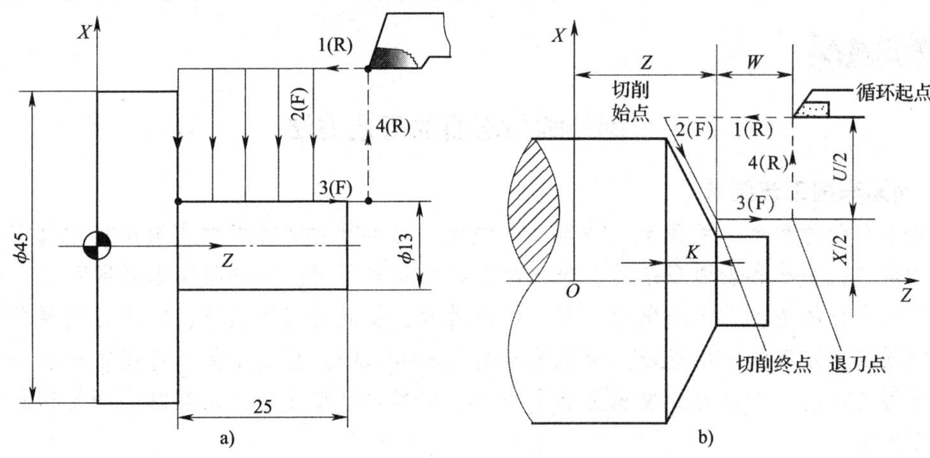

图4—7　G94车削端面循环轨迹

a）无锥度切削　b）带锥度切削

3．编程实例

应用G94循环指令编写如图4—8所示零件加工程序。

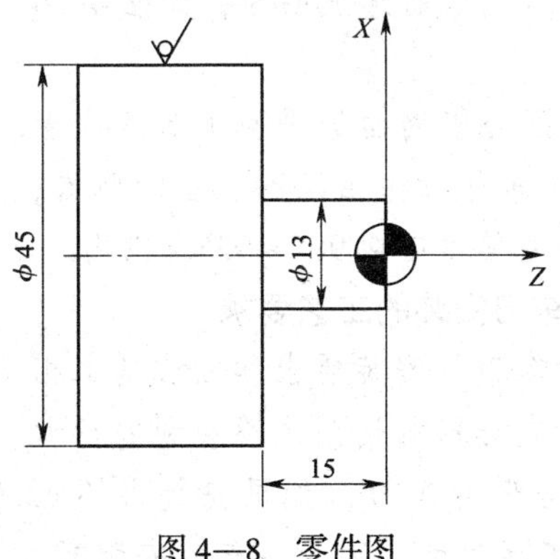

图4—8　零件图

程序	说明
O0003;	程序名
M03 S600;	启动主轴，转速 600 r/min
T0101;	选择 1 号刀
G00 X46.0 Z2.0;	快速定位至循环前的起点（46，2）
G94 X13.0 Z－3.0 F0.15;	循环第一刀车 ϕ13 mm 外圆至 $Z-3.0$ mm
Z－6.0;	循环第二刀车 ϕ13 mm 外圆至 $Z-6.0$ mm
Z－9.0;	循环第三刀车 ϕ13 mm 外圆至 $Z-9.0$ mm
Z－12.0;	循环第四刀车 ϕ13 mm 外圆至 $Z-12.0$ mm
Z－15.0;	循环第五刀车 ϕ13 mm 外圆至 $Z-15.0$ mm
G00 X100.0 Z100.0;	退刀
M30;	程序结束并返回

车削外圆与端面的工艺方法

1. 外圆车削工艺要求

外圆车削分为粗车、半精车、精车三个过程。粗车时对零件表面质量及尺寸没有严格的要求，只需尽快去除各表面多余的部分，同时给各表面留出一定的精车余量即可，一般在车床动力条件允许的情况下，采用吃刀深、进给量大、较低转速的做法，对车刀的要求主要是有足够的强度、刚度和使用寿命。精车是车削的末道工序，目的是使工件获得准确的尺寸和规定的表面粗糙度，对车刀的要求主要是锋利，切削刃平直光洁，切削时必须使切屑排向工件待加工表面。

2. 端面车削工艺要求

用右偏刀（90°）车削端面时，背吃刀量不能过大。在通常情况下，是使用右偏刀的副切削刃对工件端面进行切削，当背吃刀量过大时，向床头方向的切削力（F）会使车刀扎入端面而形成凹面，如图 4—9 所示。

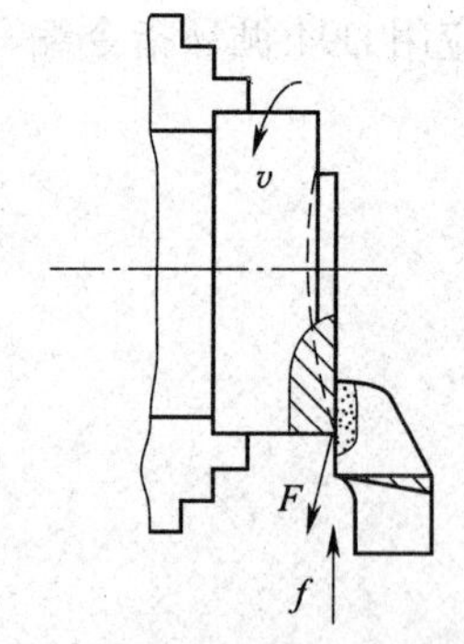

图 4—9　用右偏刀车削端面向中心走刀时产生凹面

主偏角不能小于 90°，否则会使端面的平面度超差或者在车削阶台端面时造成阶台端面与工件轴线不垂直的现象，通常在车削端面时，右偏刀的主偏角应在 90°～93°范围内。

3. 车削外圆与端面时对车刀安装的工艺要求

车削外圆时与车削端面时车刀的安装要求和方法基本相同，车刀安装得是否正确，将直接影响切削能否顺利进行和工件的加工质量。即使刃磨合理的车刀，如果安装得不正确，也会改变车刀工作时的实际角度。因此，车刀安装后，必须保证做到：

(1) 车刀的伸出长度不宜过长，否则在切削过程中会减弱刀杆的刚度，容易产生振动，影响工件的表面质量，严重时会损坏车刀。通常车削外圆时，在不影响切削和观察的情况下，尽量缩短车刀伸出刀架部分的长度，一般为刀杆厚度的1.5倍左右。

(2) 车刀下面的垫片数量不宜过多，否则易使车刀在加工中产生振动。通常在保证车刀高度的情况下，尽量减少垫片数量，且垫片要平整，并应与刀架前端对齐，以防止车刀产生振动。

(3) 压紧车刀用的螺钉不能少于两个，否则在车削过程中易使车刀移动，从而影响工件的加工，因此，为确保车刀装夹的可靠，车刀至少要用两个螺钉压紧在刀架上，并逐个拧紧。

(4) 车刀的刀尖不宜高于或低于工件的回转中心，否则会由于切削平面和基面的位置发生变化，使车刀工作时的前角和后角数值发生改变。若刀尖装得高于回转中心（见图4—10a），会使后角减小，增大了车刀后面和工件加工表面之间的摩擦，使工件表面产生硬化现象，并降低表面质量；若刀尖装得低于工件回转中心（见图4—10c），会使前角减小，切削力增大，导致切削不顺畅。通常，车削外圆时，刀尖一般应与工件轴线等高（见图4—10b）。

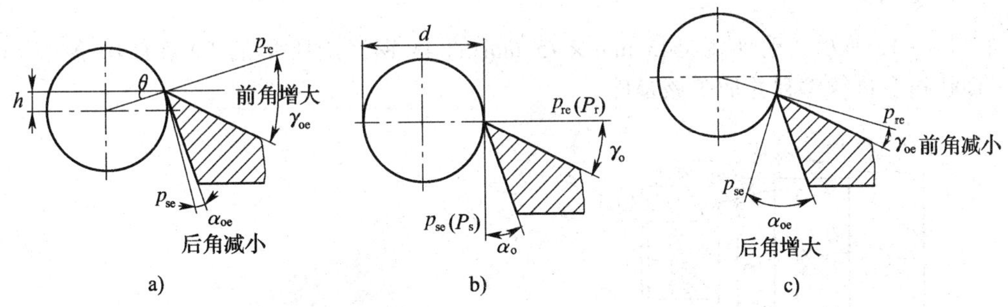

图4—10 刀尖与工件不等高时的前后角变化

a）装高 b）正确 c）装低

车削端面时，要严格保证车刀的刀尖对准工件的旋转中心，以防车削后的工件端面中心处留有凸头，甚至车刀车到中心处时会使刀尖崩碎（见图4—11）。

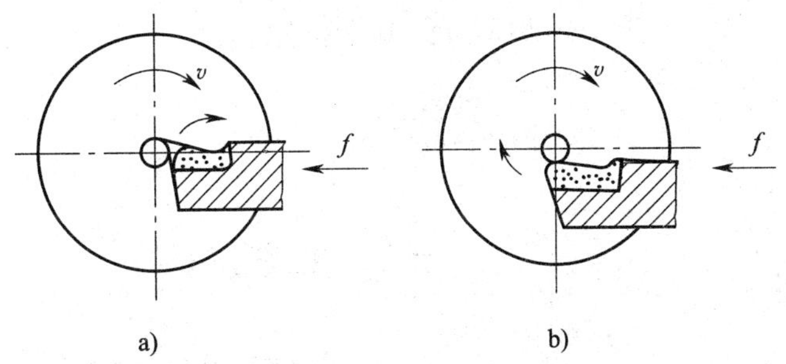

图4—11 车刀刀尖不对准工件的旋转中心

a）工件中心留有凸头 b）刀尖崩碎

（5）刀杆不能歪斜，否则会使车刀的主偏角和副偏角发生变化。其原因在于：当车刀的角度一定时，若主偏角增大，会使副偏角减小，加剧副切削刃与工件已加工表面之间的摩擦，容易引起振动，使工件表面产生振纹；若主偏角减小，则副偏角增大，这种变化同样会影响工件的表面粗糙度，降低表面质量。同时由于主偏角减小，使得径向切削力增大，当工件刚度较差时，易产生弯曲变形。因此，安装车刀时应使刀杆中心线与主轴轴线垂直。

4．车削外圆与端面时工件安装的工艺要求

车削外圆与端面时，工件一般采用三爪自定心卡盘安装。工件安装在卡盘上，必须校正平面和外圆，两者必须同时兼顾。尤其是在加工余量较少的情况下，应着重注意校正余量少的部分，否则会使毛坯车不到规定的尺寸而产生废品。为了防止车削时因工件变形和振动而影响加工质量，工件在三爪自定心卡盘中装夹时，若工件直径≤30 mm，其悬伸长度不应大于直径的 3 倍；若工件直径 >30 mm，其悬伸长度不应大于直径的 4 倍，且应夹紧，避免工件被车刀顶弯、顶落而造成打刀事故。

如图 4—12 所示，毛坯为 $\phi45$ mm × 75 mm 的 45 钢，用所学的 FANUC 0i 系统 G00、G01、G90 指令进行编程并加工该零件。

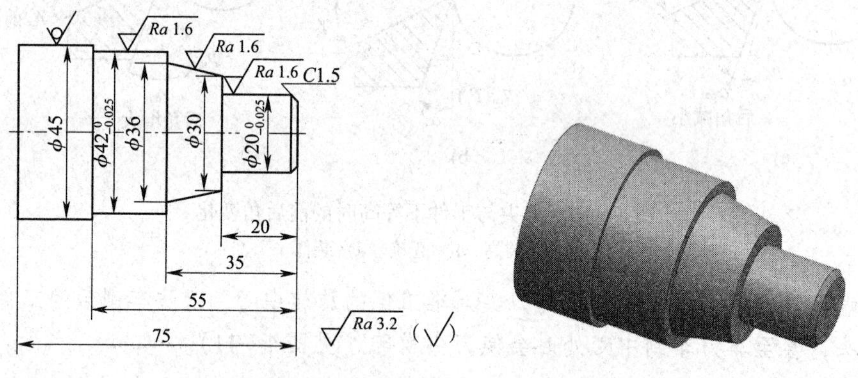

图 4—12　轴类零件图

一、工艺分析

1．夹住毛坯 $\phi45$ mm 外圆，伸出大于 55 mm 的长度：粗车 $\phi42_{-0.025}^{\ 0}$ mm 外圆至 $\phi42.5$ mm→粗车 $\phi20_{-0.025}^{\ 0}$ mm 外圆至 $\phi20.5$ mm→粗车锥面。

2. 精车外轮廓至尺寸。

二、选择刀具及确定切削用量

1. 刀具选择

选择机夹外圆车刀，刀具型号 PCLNR2020K12，如图 4—13 所示，具体参数见表 4—1。

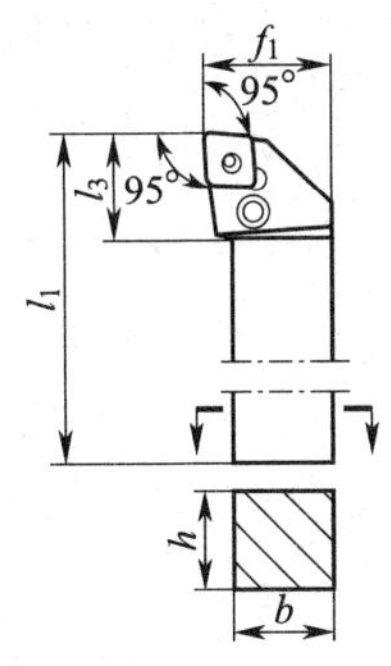

图 4—13 外圆车刀图

表 4—1 刀具参数表

应用	刀片型号	尺寸					γ_o/（°）	λ_s/（°）	
		h/mm	b/mm	l_1/mm	f_1/mm	l_3/mm			
	PCLNR－2020K12	20	20	125	25	26	－6	－6	CNMG120404－UR PX90

注：表中 γ_o 表示前角，λ_s 表示刃倾角。

2. 确定切削用量

刀具的选择及切削用量的确定见表 4—2。

表 4—2 数控加工刀具及切削用量选择

刀具号	刀具规格名称	数量	加工内容	主轴转速/（r/min）	进给量/（mm/r）	备注
T0101	95°外圆车刀	1	粗车外轮廓	600	0.2	
			精车外轮廓	1 200	0.08	

三、程序编制

程序	说明
O0002；	程序名
M03 S600；	启动主轴，转速 600 r/min
T0101；	选择 1 号刀
G00 X46.0 Z2.0；	快速定位至循环前的起点（46，2）
G90 X42.5 Z-55.0 F0.2；	应用 G90 循环粗加工 ϕ42 mm 外圆
X39.5 Z-20.0；	应用 G90 循环粗加工 ϕ20 mm 外圆
X36.5；	
X33.5；	
X30.5；	
X27.5；	
X24.5；	
X20.5；	
G00 X43.0 Z-20.0；	定位至锥面加工起点
G90 X40.0 Z-35.0 F0.2；	应用 G90 循环粗加工锥面部分外圆
X37.5；	
G90 X39.5 Z-35.0 R-3.0 F0.2；	粗加工锥面
X36.5；	
G00 X46.0 Z5.0；	定位
S1200；	变速精车
G04 X3.0；	延时 3 s（变速）
G00 X17.0 Z1.0；	定位靠近加工起点
G01 Z0 F0.08；	
X20.0 Z-1.5；	倒角 *C*1.5 mm
Z-20.0；	精车外轮廓
X30.0；	
X36.0 Z-35.0；	
X42.0；	
Z-55.0；	
X46.0；	
G00 X100.0 Z100.0；	退刀
M30；	程序结束并返回

数控车床加工外圆和端面时经常遇到的加工误差有多种，其问题现象、产生原因、预防和消除措施见表 4—3。

表 4—3　外圆和端面加工误差分析

问题现象	产生原因	预防和消除措施
工件外圆尺寸超差	1. 刀具参数不准确 2. 切削用量选择不当产生让刀 3. 程序错误 4. 工件尺寸计算错误	1. 调整或重新设定刀具参数 2. 合理选择切削用量 3. 检查、修改程序 4. 核查工件尺寸
外圆表面质量差	1. 切削速度太低 2. 安装刀具高于中心 3. 切屑缠绕工件表面 4. 刀具磨损 5. 切削液选择不合理	1. 选择较高的主轴转速 2. 调整刀具中心高度 3. 选择合理的进刀方式和切深 4. 及时更换刀具或刀片 5. 正确选择切削液
台阶处不清角	1. 程序错误 2. 刀具选择错误 3. 刀具损坏	1. 检查、修改程序 2. 正确选择加工刀具 3. 更换刀片
加工时扎刀致工件报废	1. 进给量过大 2. 切屑堵塞 3. 工件安装不合理 4. 刀具角度选择不合理	1. 降低进给速度 2. 采用断、退屑方式切入 3. 检查工件安装，增加刚度 4. 正确选择刀具角度
台阶端面出现倾斜	1. 程序错误 2. 车刀安装不正确	1. 检查、修改程序 2. 正确安装刀具
工件圆度超差或产生锥度	1. 车床主轴间隙过大 2. 程序错误	1. 调整车床主轴间隙 2. 检查、修改程序

思考与练习

如图 4—14 所示零件图样，应用 FANUC 0i 系统编程加工该零件。

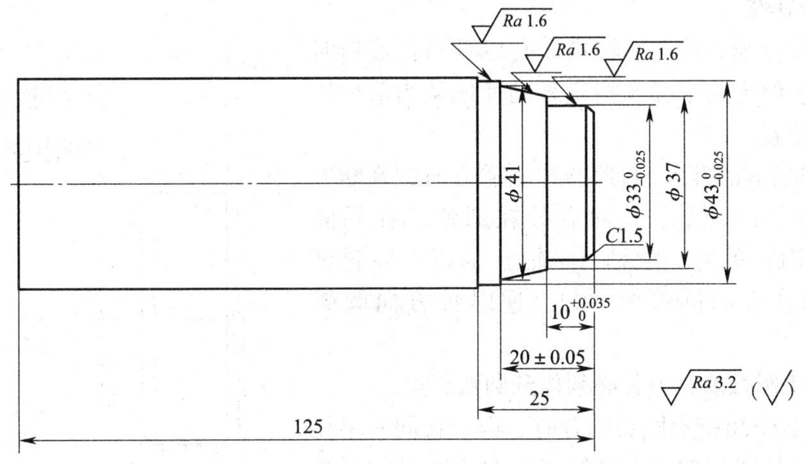

图 4—14　零件图

第二节　车削圆弧面

1. 掌握 G02、G03 指令的应用。
2. 掌握 G40、G41、G42 指令的应用。
3. 能正确合理地安排圆弧加工工艺路线。

一、G02/G03——顺圆加工/逆圆加工

1. 指令格式

$$\left.\begin{matrix}G02\\G03\end{matrix}\right\} X（U）\_\ Z（W）\_\ \left\{\begin{matrix}I\_\ \ K\_\\R\_\end{matrix}\right.\ F\_;$$

说明：

G02：顺圆加工指令。

G03：逆圆加工指令。

X、Z：直线插补的目标位置绝对坐标值（U、W 表示增量值）。

I、K：圆心坐标值（相对于圆弧起点的增量值）。

R：圆弧半径。

F：进给率。

2. 指令功能

G02/G03 是模态代码，该指令是以顺时针或逆时针圆弧方式、给定的半径和指定移动速度从当前位置移动到指定位置。

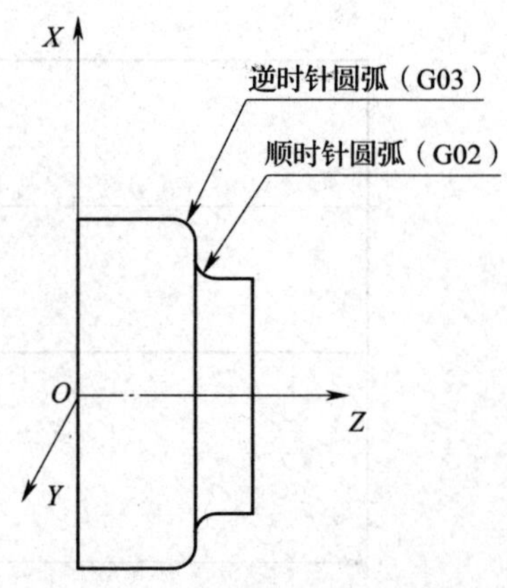

图 4—15　圆弧插补方向的判断

（1）顺逆圆弧判断。圆弧插补顺逆方向的判断方法是：如图 4—15 所示，正对着处在圆弧所在平面（如 *ZOX* 平面）的另一根轴（*Y* 轴）的正方向看该圆弧，顺时针方向圆弧为 G02，逆时针方向圆弧为 G03。

（2）加工圆弧前，刀具必须停到圆弧起点。

（3）用半径 R 指定圆心位置时，由于在同一半径 R 的情况下，从圆弧的起点到终点有两个圆弧的可能性，如图 4—16 所示，为区别二者，规定圆心角 $\alpha \leqslant 180°$时，即图中的圆弧 1，R 取正值；圆心角 $\alpha > 180°$时，即图中的圆弧 2，R 取负值。一般情况下，在数控车床加工时不会出现 $\alpha > 180°$的圆弧。

3. 编程实例

如图 4—17 所示，加工该零件外轮廓，编写的精加工程序如下。

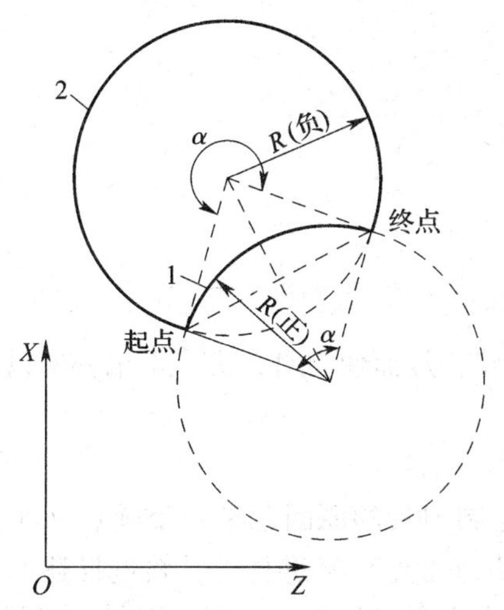

图 4—16 指定圆心位置的圆弧半径确定

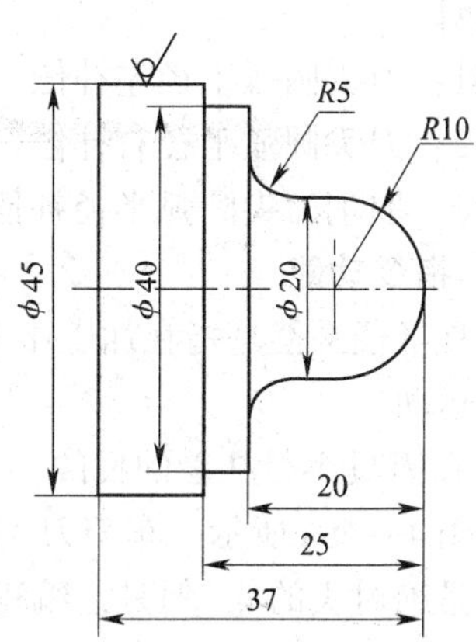

图 4—17 圆弧加工实例零件图

程序	说明
O0001;	程序名
M03 S1000;	启动主轴，转速 1 000 r/min
T0101;	选择 1 号刀
G00 X0 Z2.0;	快速移动靠近工件
G01 Z0 F0.2;	定位至起点
G03 X20.0 Z－10.0 R10.0 F0.08;	加工 $R10$ mm 凸圆弧
G01 Z－15.0 F0.08;	加工 $\phi20$ mm 外圆
G02 X30.0 Z－20.0 I10.0 K0;	加工 $R5$ mm 圆弧
G01 X40.0;	加工端面至 $\phi40$ mm
Z－25.0;	加工 $\phi40$ mm 外圆
X46.0;	退刀
G00 X100.0 Z100.0;	退刀至安全点
M30;	程序结束

注意：在加工锥面或圆弧面轮廓时，因刀尖圆弧半径 $R = 0.4$ mm，若加工时不进行刀尖圆弧半径补偿，加工轮廓会出现“欠切”或“过切”现象。如何使用刀尖圆弧半径补偿功能，具体见下面介绍。

二、G41/G42/G40——刀尖圆弧半径左补偿/右补偿/取消刀尖圆弧半径补偿

1. 指令格式

G41
G42 } G00 / G01 X__ Z__ ；
G40

说明：

G41：刀尖圆弧半径左补偿。

G42：刀尖圆弧半径右补偿。

G40：取消刀尖圆弧半径补偿。

2. 指令功能

刀具半径补偿是指在加工中考虑刀具的几何形状，从而使刀具刀尖沿着编程中设定的加工轨迹运动。

（1）刀具半径补偿的目的

如图4—18a所示，车刀刀尖由于磨损或标准定制刀具的原因总有一个圆弧（车刀刀尖不可能是绝对尖的），但是，编程是根据理想刀尖点（*A*点）来进行刀具轨迹描述的。在车削外圆时，实际切削点是*B*点，分析可知，*B*点在水平方向与*A*点一致，因此，车削外圆时刀尖圆弧对加工精度没有影响；车削端面时，实际切削点是*C*点，*C*点在垂直方向与*A*点一致，因此，车削端面时刀尖圆弧对加工精度也没有影响；但是在车削圆锥和圆弧面时，实际切削点并不是理想刀尖点*A*，如图4—18b所示，因此，就会造成“欠切”或“过切”现象，产生加工表面的形状误差。

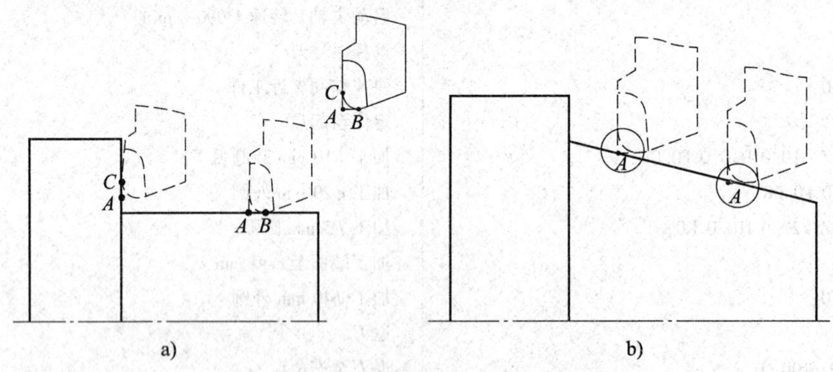

图4—18 刀尖圆弧对加工产生的影响

a）车削外圆和端面时不影响 b）车削锥面时会造成“欠切”或“过切”现象

消除车削加工产生误差的方法是采用车床的刀具半径补偿功能，编程时只需按工件轮廓编程，执行刀具半径补偿后，刀具自动补偿误差值，从而消除了刀尖圆弧半径对工件形状和尺寸的影响。

(2) 刀尖方位号

对应每个刀具补偿号，都有一组偏置量 X、Z，刀尖圆弧半径补偿量 R 和刀尖方位号 TIP。如果在程序中输入“G00 G42 X100.0 Z3.0 T0101”，则数控系统会按照 01 号刀具补偿值自动修正刀具的安装误差，并根据刀尖圆弧半径补偿值，自动将刀尖移至正确的位置上。

刀尖方位号如图 4—19 所示。

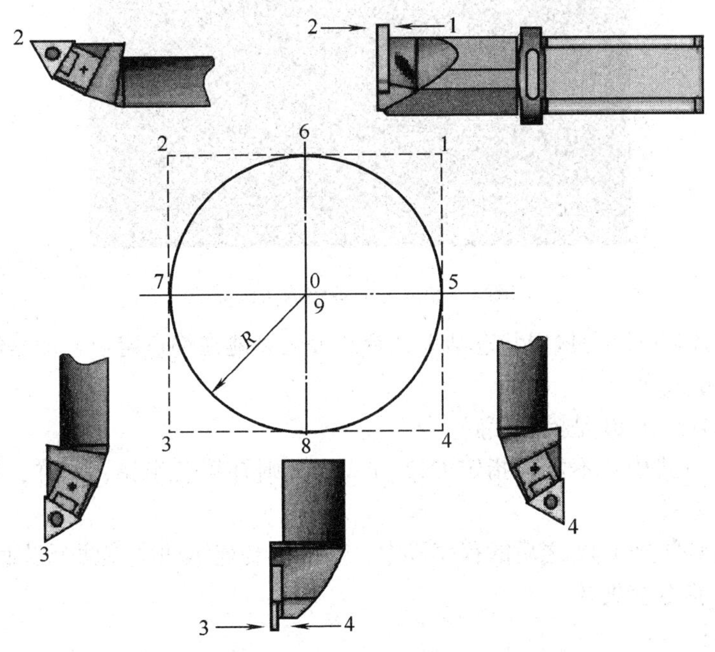

图 4—19 刀尖方位号（后置刀架）

3. 刀尖圆弧半径补偿的使用方法

如图 4—20 所示，刀尖圆弧半径 R 值和刀尖方位号通过系统面板上的 OFFSET 参数设置。在程序中使用 G41/G42/G40 指令进行刀尖圆弧半径补偿。具体注意以下几方面内容：

(1) G41、G42、G40 指令不能与圆弧切削指令写在同一程序段内，但可以与 G00、G01 指令写在同一程序段内，即它是通过直线运动来建立或取消刀具补偿的。

(2) 在调用新刀具前或更改刀具补偿方向时，中间必须取消前一个刀具补偿，避免产生加工误差。

(3) 在 G41 或 G42 程序段后面加 G40 程序段，便可以取消刀尖圆弧半径补偿，其格式为：

G41（或 G42）…；

…；

G40…；

工具补正　　　　O0001　N 0001

番号	X	Z	R	T
01	211.289	646.953	0.400	3
02	0.000	0.000	0.000	0
03	0.000	0.000	0.000	0
04	0.000	0.000	0.000	0
05	0.000	0.000	0.000	0
06	0.000	0.000	0.000	0
07	0.000	0.000	0.000	0
08	0.000	0.000	0.000	0

现在位置（相对座标）

U　257.289　W　647.953

>　　S 500　1

MEM **** *** ***

[NO检索][测量][C.输入][+输入][输入]

图 4—20　刀补参数输入画面

程序的最后必须以取消偏置状态结束，否则刀具不能在终点定位，而是停在与终点位置偏移一个矢量的位置上。

（4）G41、G42、G40 是模态代码。

（5）在 G41 方式中，不能再指定 G42 方式，否则补偿会出错；同样，在 G42 方式中，不能再指定 G41 方式。

（6）在使用 G41 或 G42 之后的程序段中，不能出现连续两个或两个以上的不移动指令，否则 G41 和 G42 指令会失效。

4．编程实例

选择刀尖圆弧半径 $R=0.4$ mm 的外圆车刀，设置刀尖方位号 3，应用刀尖圆弧半径补偿指令编程车削如图 4—21 所示的零件，程序如下。

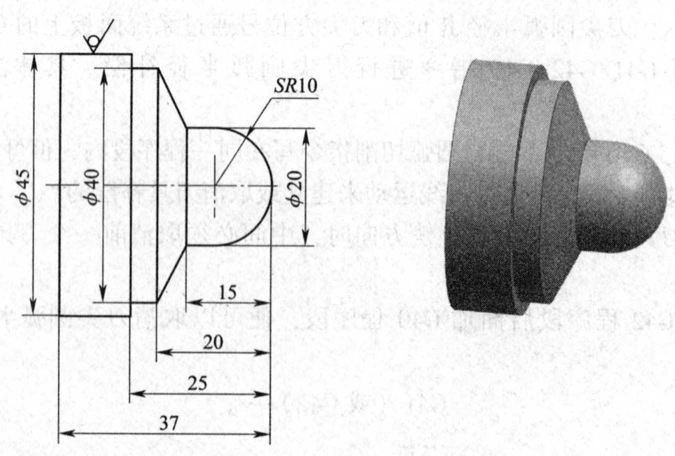

图 4—21　零件图

程序	说明
O0001;	
M03 S1000;	启动主轴，转速 1 000 r/min
T0101;	选择 1 号刀
G00 X0 Z2.0;	快速定位靠近起点
G42 G01 X0 Z0 F0.2;	定位至起点，建立刀尖圆弧半径右补偿
G03 X20.0 Z-10.0 R10.0 F0.08;	加工 $R10$ mm 凸圆弧
G01 Z-15.0 F0.08;	加工 $\phi20$ mm 外圆
X40.0 Z-20.0;	加工锥面
Z-25.0;	加工 $\phi40$ mm 外圆
X46.0;	退刀
G40 G00 X100.0 Z100.0;	退刀至安全点，取消刀尖圆弧半径补偿
M30;	程序结束

车削圆弧面的工艺方法

1. 圆弧加工工艺路线的确定

应用 G02 或 G03 车削圆弧时，当背吃刀量较大时一刀就把圆弧加工出来，这样背吃刀量太大，容易扎刀。因此，实际车削圆弧时，需要多刀粗加工先切除较大的余量，再精车得到所需要的圆弧。

下面分析圆弧的加工工艺路线：

图 4—22 所示为车圆弧的阶梯形切削路线，即先粗车成阶梯形状，最后一刀精车出圆弧。该方法在确定了每次背吃刀量 a_p后，需精确算出粗车的终刀距 S，即求圆弧与直线的交点。此方法刀具切削距离较短，但计算较烦琐。

图 4—23 所示为采用同心圆弧切削路线，即沿不同的半径圆来车削，最后将所需圆弧加工出来。此方法在确定了每次背吃刀量 a_p后，对 90°圆弧的起点、终点坐标比较容易确定，数值计算简单，编程方便，因此常被采用。但用图 4—23b 所示路线加工时，空行程较长。

图 4—24 所示为车圆弧的车锥法切削路线，即先车一个圆锥，再车圆弧。但要注意车圆锥时起点和终点的确定，若确定不好，则可能损坏圆锥表面，也可能将余量留得过大。确定方法如图 4—24 所示，连接 OC 交圆弧于 D，过 D 点作圆弧的切线 AB。由几何关系可知：$CD = OC - OD = 0.414R$，此为车锥时的最大切削余量，即车锥时的加工路线不能超过 AB 线。由图示关系，可得 $AC = BC = 0.586R$。此方法数值计算比较烦琐，刀具切削路线较短。

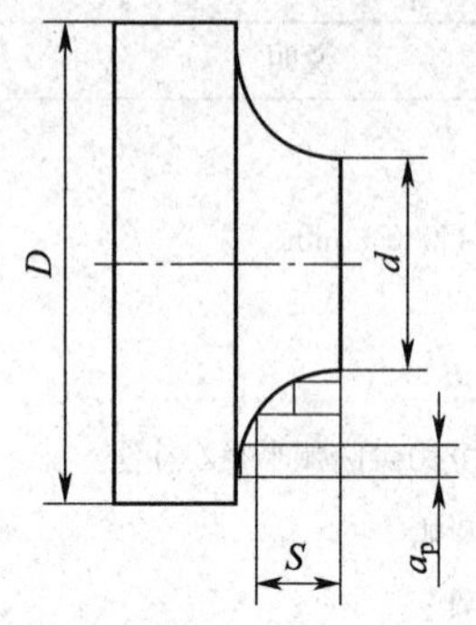

图 4—22　阶梯形切削路线车削圆弧

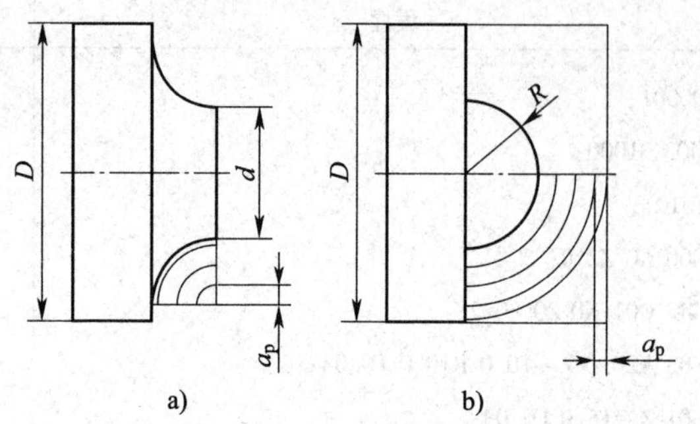

图 4—23　同心圆弧切削路线车削圆弧

图 4—25 所示为车圆弧的平移轨迹路线，即在加工圆弧时，根据圆弧切削余量和背吃刀量综合考虑，将圆弧起点和终点同时向外或向内平移，圆弧半径不变。此方法在加工时计算简单，但有空刀，图 4—25a 所示为凹圆弧平移轨迹路线加工，图 4—25b 所示为凸圆弧平移轨迹路线加工。

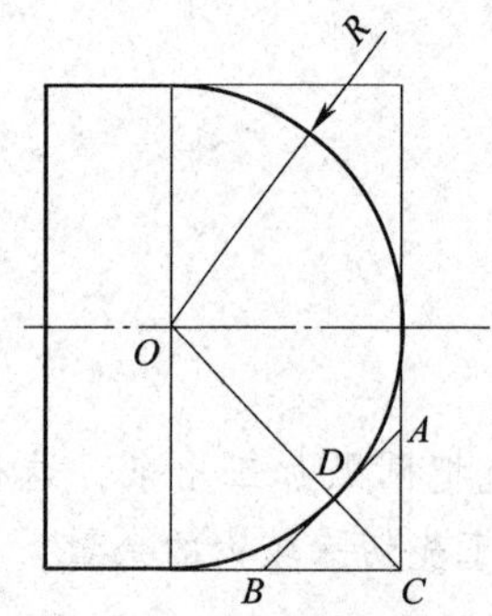

图 4—24　车锥法切削路线车削圆弧

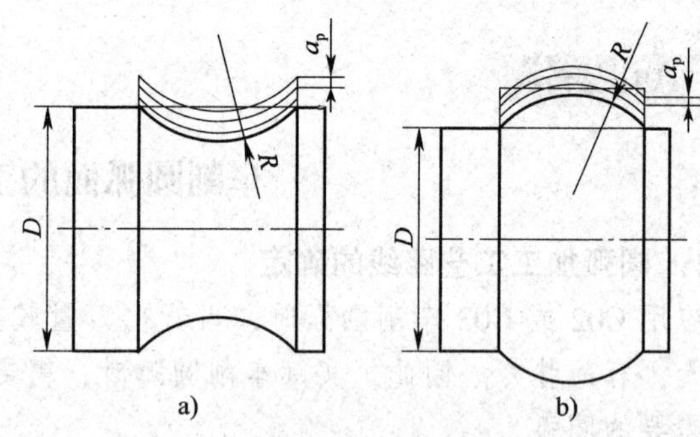

图 4—25　车削圆弧的平移轨迹路线图

2. 圆弧车削对刀具的要求

车削圆弧时，应该使用标准半径的外圆车刀，这类刀具往往手工磨削无法达到要求，应选用标准数控车刀，如图 4—26 所示。

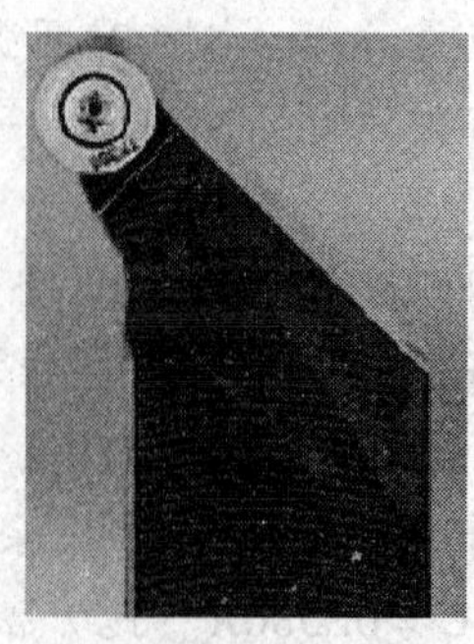

图 4—26　标准刀尖圆弧半径的外圆车刀

如图 4—27 所示，毛坯为 ϕ45 mm×75 mm 的 45 钢，用 FANUC 0i 系统编程并加工该零件。

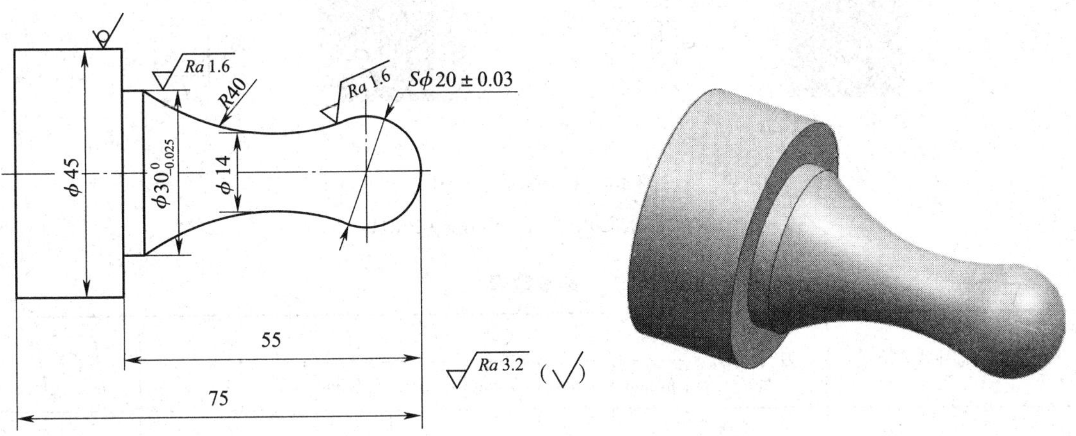

图 4—27　轴类零件图

一、工艺分析

1. 夹住毛坯 ϕ45 mm 外圆，伸出 60 mm 长度：粗车 $\phi30_{-0.025}^{\ 0}$ mm 外圆至 ϕ30. 5 mm→粗车成形面外圆至 ϕ20. 5 mm，长度至 Z－40 mm→倒角法粗车半球→粗车成形面。

2. 精车外轮廓至尺寸。

二、选择刀具及确定切削用量

1. 刀具选择

选择机夹外圆车刀，刀具型号 PCLNR2020K12 和 SVJBR2020K11，如图 4—28 所示，具体参数见表 4—4。

2. 确定切削用量

刀具的选择及切削用量的确定见表 4—5。

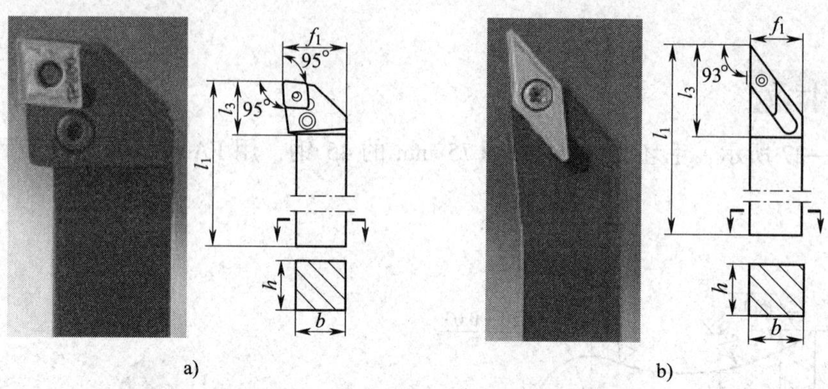

图 4—28　外圆车刀图

a）PCLNR2020K12　b）SVJBR2020K11

表 4—4　　**刀具参数表**

应用	刀具型号	尺寸					γ_o/（°）	λ_s/（°）	
		h/mm	b/mm	l_1/mm	f_1/mm	l_3/mm			
95°	PCLNR－2020K12	20	20	125	25	26	－6	－6	CNMG1204 04－UR PX90
93° 50°	SVJBR－2020K11	20	20	125	25	27	0	0	VBMT160404 HQ TN60

注：表中 γ_0 表示前角，λ_s 表示刃倾角。

表 4—5　　**数控加工刀具及切削用量选择**

刀具号	刀具规格名称	数量	加工内容	主轴转速/（r/min）	进给量/（mm/r）	备注
T0101	95°外圆车刀	1	粗车外轮廓	600	0.2	
T0202	93°外圆车刀	1	粗车成形面	600	0.15	
			精车外轮廓	1 200	0.08	

三、程序编制

程序	说明
O0002;	
M03 S600;	启动主轴，转速 600 r/min
T0101;	选择 1 号刀
G00 X46.0 Z2.0;	快速定位至循环前的起点（46，2）
G90 X42.5 Z-55.0 F0.2;	应用 G90 循环粗加工 $\phi30$ mm 外圆
X39.5;	
X36.5;	
X33.5;	
X30.5;	
X27.5 Z-40.0;	应用 G90 循环粗加工成形面至 $\phi20.5$ mm 外圆
X24.5;	
X20.5;	
G00 X21.0 Z0;	用倒角法粗车半球
G01 U-6.0 F0.5;	
U6.0 W-3.0 F0.2;	
G00 Z0;	
G01 U-12.0 F0.5;	
U12.0 W-5.0 F0.2;	
G00 Z0;	
X100.0 Z100.0;	
T0202 S600;	换 2 号刀
G00 X0.5 Z2.0;	粗车成形面
G01 Z0 F0.15;	
G03 X21.3 Z-13.41 R10.0;	
G02 X30.5 Z-51.06 R40.0;	
G00 X60.0 Z5.0;	退刀
S1200;	变速精车
G00 X0 Z2.0;	快速移动靠近工件
G01 Z0 F0.08;	定位至起点
G03 X18.8 Z-13.41 R10.0;	精车 $S\phi20$ mm 球
G02 X30.0 Z-51.06 R40.0;	精车凹圆弧
G01 Z-55.0;	精车 $\phi30$ mm 外圆
X46.0;	精车端面
G00 X100.0 Z100.0;	退刀
M05;	主轴停
M30;	程序结束并返回

数控车床加工圆弧时经常遇到的加工误差有多种，其问题现象、产生原因、预防和消除措施见表 4—6。

表 4—6　　圆弧加工误差分析

问题现象	产生原因	预防和消除措施
切削过程中干涉	1. 刀具参数不正确 2. 刀具安装不正确 3. 程序编制错	1. 正确选择刀具参数 2. 正确安装刀具 3. 正确编制程序
圆弧凹凸方向错	程序不正确	正确编制程序
圆弧尺寸不符合要求	1. 程序不正确 2. 刀具磨损 3. 未正确使用刀尖圆弧半径补偿	1. 正确编制程序 2. 及时更换刀具 3. 正确使用刀尖圆弧半径补偿

1. 如何判断圆弧是顺圆还是逆圆？
2. 为什么要用刀尖圆弧半径补偿？刀尖圆弧半径补偿的指令是什么？如何使用？
3. 刀尖圆弧半径对圆锥面、圆弧面加工是否有影响？为什么？
4. 常见圆弧的加工误差有哪些？
5. 如图 4—29 所示零件图样，应用 FANUC 0i 系统编程加工该零件。

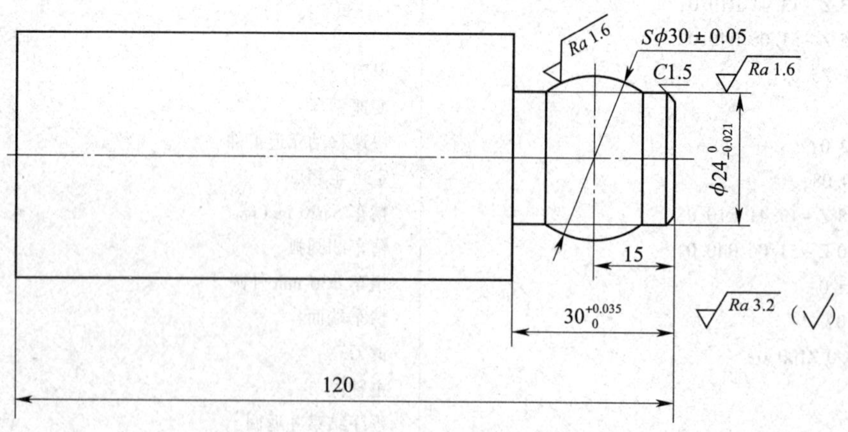

图 4—29　零件图

第三节　外圆粗车复合循环 G71/G70 的应用

学习目标

1. 理解 G71 功能的特点，掌握 G71、G70 指令的应用。
2. 掌握台阶轴零件加工的工艺方法。
3. 能合理选择粗、精加工外轮廓参数。
4. 能在粗加工后调整磨耗值，控制加工精度。

相关理论

一、G71 外圆粗车复合循环特点

外圆粗车复合循环指令适合切除棒料毛坯的大部分加工余量，主要用于径向尺寸要求比较高，轴向尺寸大于径向尺寸的毛坯工件进行粗车循环。

如图 4—30a 所示为 G71 指令粗车外轮廓的走刀轨迹，图中 *C* 点为粗车循环起刀点，*A* 点是毛坯外圆与端面轮廓的交点，Δw 为轴向精加工余量，Δu 是径向精加工余量，Δd 是背吃刀量，*e* 是径向退刀量。该循环根据编程参数，以阶梯轨迹法自动实现轮廓粗加工，并在最后一刀沿轮廓表面留均匀余量加工零件。

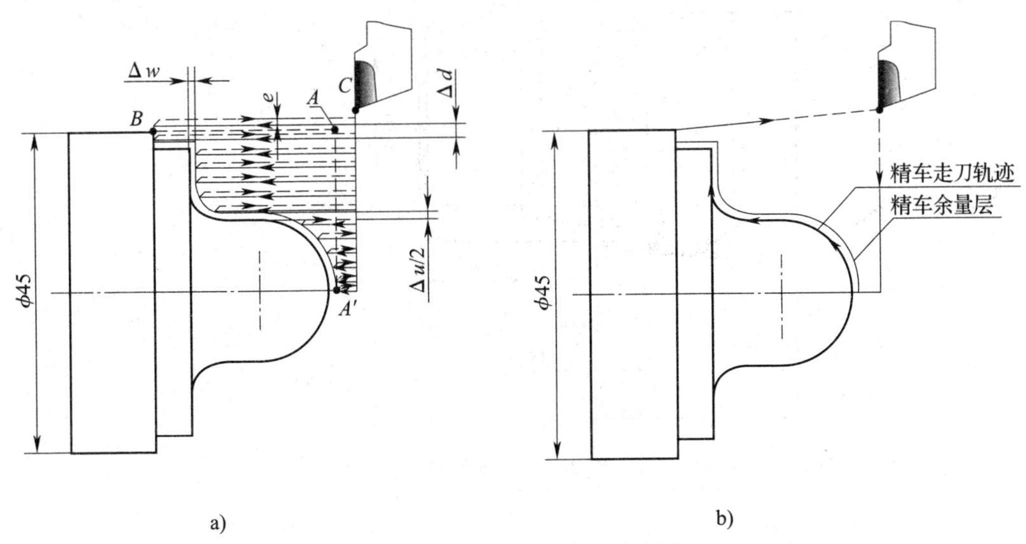

图 4—30　G71/G70 走刀轨迹图

a）G71 粗车循环轨迹图　b）G70 精车循环轨迹图

当用 G71 指令粗加工完工件后，用 G70 来执行精车循环，切除粗加工余量，如图 4—30b 所示为精加工轨迹图。

二、G71 指令——外圆粗车复合循环

1. 指令格式

G71 U (Δd)　R (e)；

G71 P (ns)　Q (nf)　U (Δu)　W (Δw)　F (f)；

说明：

Δd：背吃刀量（半径量，无符号）。

e：退刀量。

ns：指定精加工路线的第一个程序段号。

nf：指定精加工路线的最后一个程序段号。

Δu：*X* 方向上的精加工余量（直径量）和方向（外轮廓用“+”，内轮廓用“-”）。

Δw：*Z* 方向上的精加工余量和方向。

f：进给量。

在 ns～nf 程序段内的 F、S、T 功能无效。在整个粗车循环中，只执行循环开始前指令的 F、S、T 功能。

2. 编程实例

如图 4—31 所示，毛坯为 ϕ45 mm×75 mm 45 钢，应用 G71/G70 指令编写的程序如下。

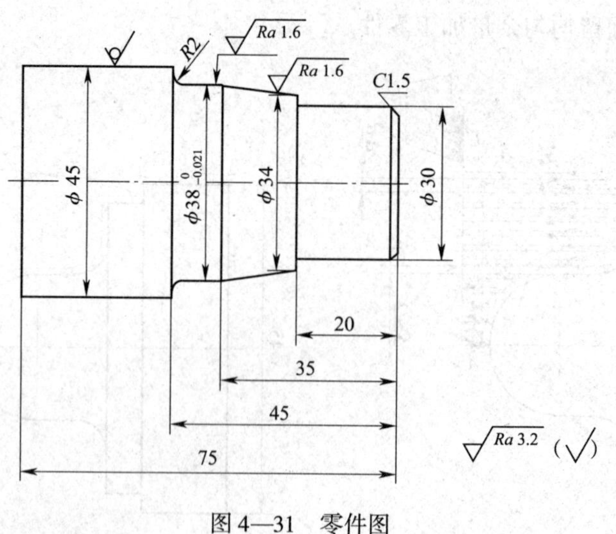

图 4—31　零件图

程序	说明
O0001;	程序名
M03 S600;	启动主轴，转速 600 r/min
T0101;	选择 1 号刀
G00 X46.0 Z1.0;	快速定位至起点
G71 U1.5 R1.0;	应用 G71 指令循环粗加工
G71 P10 Q20 U0.5 W0.05 F0.2;	
N10 G00 X27.0 S1200;	精车轮廓起始段，进刀，设置精车转速
G01 Z0 F0.1;	靠近轮廓起点，设置精车进给率
X30.0 Z-1.5;	倒角 $C1.5$
Z-20.0;	车 $\phi30$ mm 外圆
X34.0;	
X38.0 Z-35.0;	车锥面
Z-43.0;	车 $\phi38$ mm 外圆
G02 X42.0 Z-45.0 R2.0;	车 $R2$ mm 圆弧
N20 G01 X46.0;	精加工轮廓程序结束段
G70 P10 Q20;	应用 G70 精加工轮廓
G00 X100.0 Z100.0;	退刀
M05;	主轴停
M30;	程序结束

提示

（1）G71 循环前的定位点必须是毛坯以外并且靠近工件毛坯的点。

（2）应用 G71 循环粗加工时，精加工轮廓程序起始段必须是 X 轴单方向运动，不可以有 Z 轴动作，否则报警，程序不能执行；轮廓形状在平面构成轴（Z 轴、X 轴）方向上必须是单调增加或单调减小。

（3）G70 精车循环之前的定位点必须是毛坯外的点，否则将会出现撞刀事故。

工作任务

如图 4—32 所示，毛坯为 $\phi45$ mm × 75 mm 的 45 钢，试采用 G71、G70 循环指令编写其数控车加工程序并进行加工。

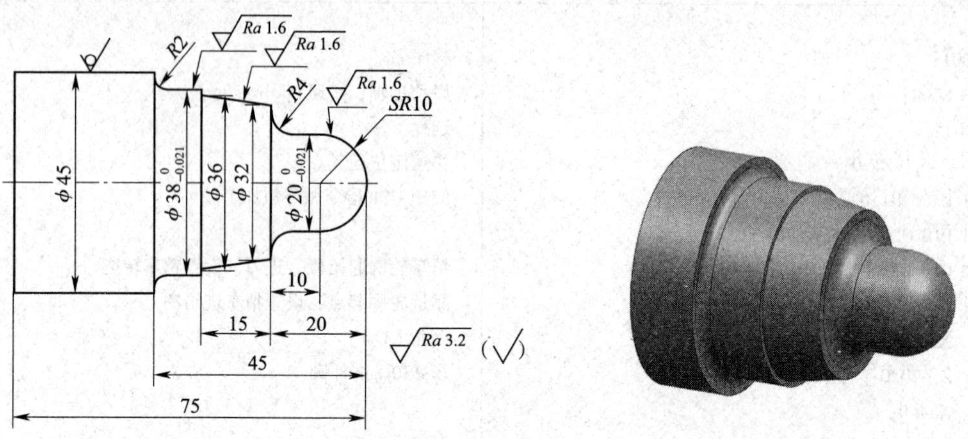

图 4—32　轴类零件图

一、工艺分析

1. 夹住毛坯 ϕ45 mm 外圆，伸出长度 50 mm，应用 G71 循环指令粗加工外轮廓。
2. 应用 G70 循环指令精车外轮廓。

二、选择刀具及确定切削用量

1. 刀具选择

选择机夹外圆车刀，刀具型号 PCLNR2020K12，如图 4—33 所示，具体参数见表 4—7。

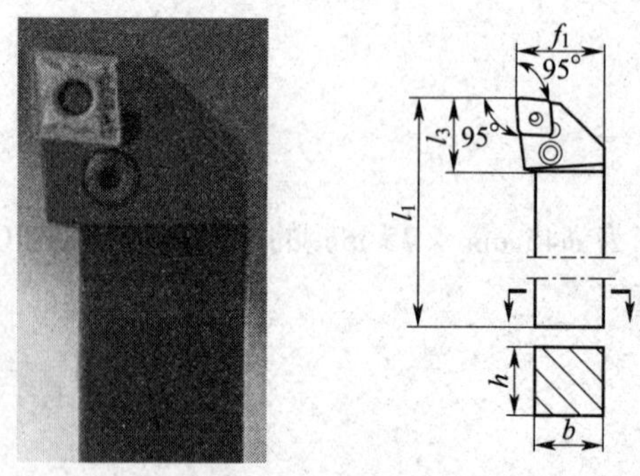

图 4—33　外圆车刀图

表 4—7　　刀具参数表

应用	刀具型号	尺寸					γ_o/（°）	λ_s/（°）	
		h/mm	*b*/mm	l_1/mm	f_1/mm	l_3/mm			
95°	PCLNR－2020K12	20	20	125	25	26	－6	－6	CNMG120404－UR PX90

注：表中 γ_o 表示前角，λ_s 表示刃倾角。

2. 确定切削用量

刀具的选择及切削用量的确定见表 4—8。

表 4—8　　数控加工刀具及切削用量选择

刀具号	刀具规格名称	数量	加工内容	主轴转速/（r/min）	进给量/（mm/r）	备注
T0101	95°外圆车刀	1	粗车成形面	600	0.2	
			精车外轮廓	1 200	0.08	

三、程序编制

程序	说明
O0003；	程序名
M03 S600；	启动主轴，转速 600 r/min
T0101；	选择 1 号刀
G00 X46.0 Z2.0；	快速定位至循环前的起点（46，2）
G71 U2.0 R1.0；	设置 G71 循环参数
G71 P10 Q20 U0.5 W0.03 F0.2；	
N10 G00 X0 S1200；	精加工轮廓程序起始段，进刀
G42 G01 Z0 F0.08；	移动至轮廓起点，刀尖圆弧半径右补偿
G03 X20.0 Z－10.0 R10.0；	车 *SR*10 mm 半球
G01 Z－16.0；	车 ϕ20 mm 外圆
G02 X28.0 Z－20.0 R4.0；	车 *R*4 mm 圆弧
G01 X32.0；	车台阶端面
X36.0 Z－35.0；	车锥面
X38.0；	车台阶端面
Z－43.0；	车 ϕ38 mm 外圆

续表

程序	说明
G02 X42.0 Z-45.0 R2.0;	车 *R*2 圆弧
N20 G40 G01 X46.0;	退刀，取消刀尖圆弧半径补偿
G00 X100.0 Z100.0;	退刀
M05;	主轴停
M00;	程序暂停（测量，修改磨耗值补偿误差）
M03 S1200;	启动主轴
T0101;	执行刀补
G00 X46.0 Z2.0;	定位
G70 P10 Q20;	精加工
G00 X100.0 Z100.0;	退刀
M05;	主轴停
M30;	程序结束并返回

四、操作注意事项

1. 仔细设置刀具参数，在 01 号刀具形状参数设置 R=0.4，T=3，如图 4—34 所示。

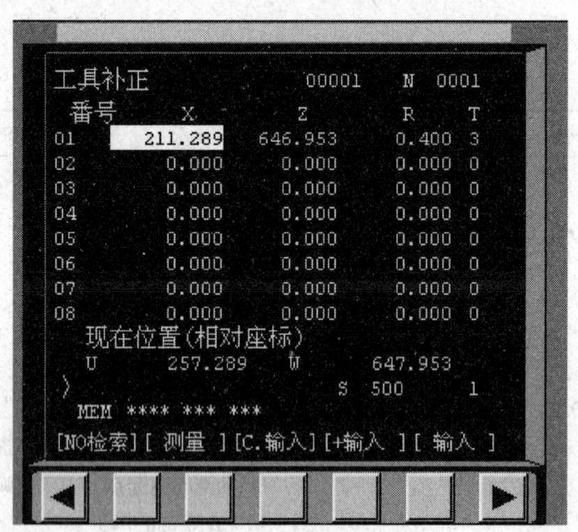

图 4—34　刀具参数输入画面

2. 如图 4—35 所示为零件加工过程状态，当程序 G71 循环粗加工执行完毕后，如图 4—35b 所示，此时主轴和程序均暂停，测量工件尺寸，若存在误差，应当在刀具参数表 01 号参数磨耗值中进行补偿。如：检测外圆尺寸 $\phi38$ mm 为 $\phi38.63$ mm，比理论值 $\phi38.5$ mm 偏大 0.13，则需要在 01 号参数磨耗值 X 位置输入“-0.13”，以便在精加工时进行补偿。

3. 调整参数完毕后，按循环启动键继续执行程序进行零件精加工，最终状态如图 4—35c 所示。为确保加工质量，此时仍需检测，符合加工要求后方可拆卸工件。

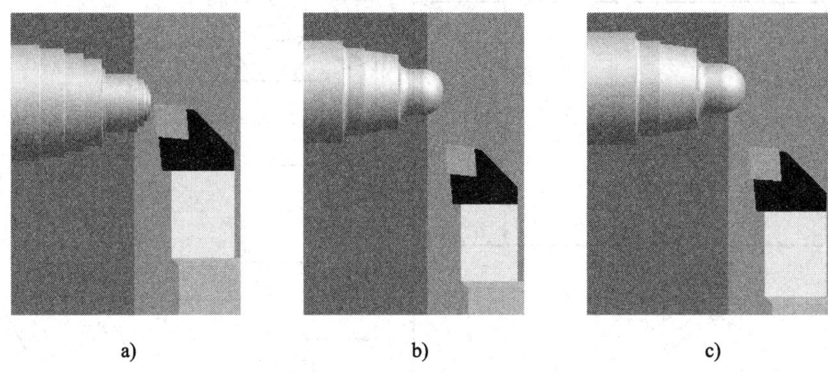

a) b) c)

图 4—35 加工过程状态图

a）粗加工过程中 b）粗加工结束 c）精加工结束

知识链接

数控车床加工轴类零件经常遇到的加工误差有多种，其问题现象、产生原因、预防和消除措施见表 4—9。

表 4—9 **轴类零件误差分析**

问题现象	产生原因	预防和消除措施
基本尺寸超差	1. 对刀测量不准 2. 粗车结束未进行测量调整	1. 对刀时认真测量 2. 粗车结束测量，补偿误差
圆弧或锥面超差	1. 编程错误 2. 未正确使用刀尖圆弧半径补偿	1. 检查并修改程序 2. 正确使用刀尖圆弧半径补偿
精车结束退刀撞刀	精车 G70 前的定位点错误	检查精车前的定位点是否合理

思考与练习

1. 在应用 G71、G70 循环加工轴类零件时，应注意哪些问题？
2. 如图 4—36 所示零件图样，应用 FANUC 0i 系统编程加工该零件。

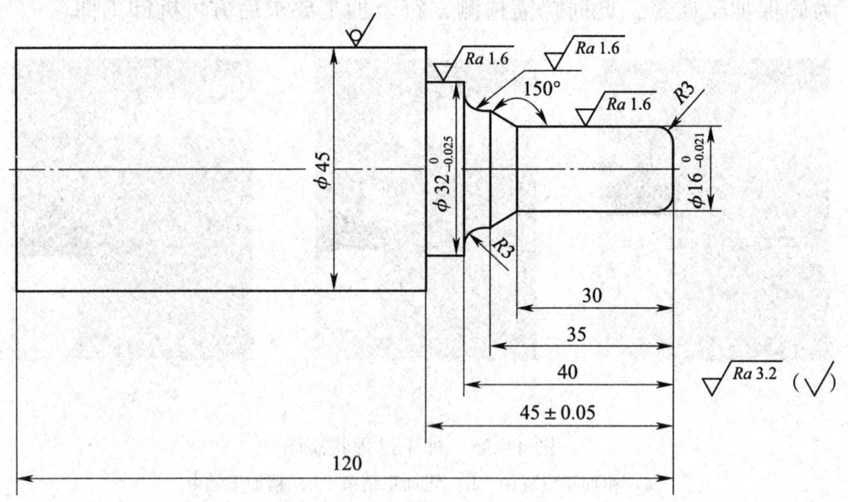

图4—36 零件图

第四节 端面粗车复合循环G72/G70的应用

1. 理解G72功能的特点，掌握G72、G70指令的应用。
2. 掌握简易盘类零件加工的工艺方法。
3. 掌握恒线速度切削功能在盘类零件加工中的应用方法。
4. 能合理选择粗、精加工端面轮廓参数。

一、G72端面粗车复合循环特点

端面粗车复合循环指令适合切除棒料毛坯的大部分加工余量，主要用于轴向尺寸要求比较高，径向尺寸大于轴向尺寸的毛坯工件进行粗车循环。

如图4—37所示为G72指令粗车端面的走刀轨迹，图中C点为粗车循环起刀点，A点是毛坯外圆与端面轮廓的交点，Δw为轴向精加工余量，Δu是径向精加工余量，Δd是背吃刀量，e是轴向退刀量。该循环根据编程参数，以阶梯轨迹法自动实现轮廓粗加工，并在最后一刀沿轮廓表面留均匀余量加工零件。

当用 G72 指令粗加工完工件后，用 G70 来执行精车循环，切除粗加工余量，图 4—37 所示 $A' \to B$ 为精加工轨迹。

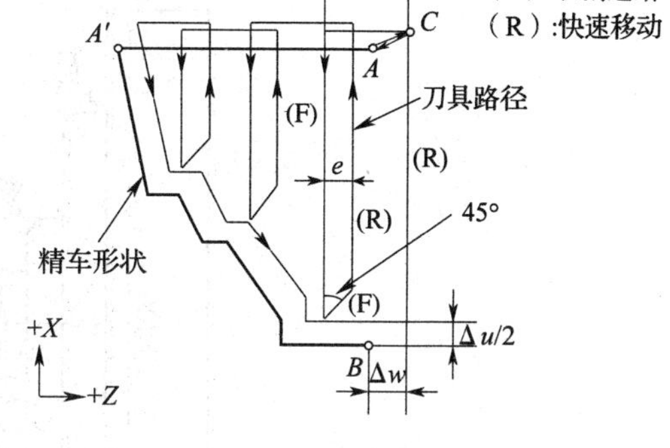

图 4—37 G72/G70 走刀轨迹图

二、指令介绍

1. 恒速切削指令

（1）指令格式

G96 S __;

G97（S __）;

说明：

G96：恒线速切削（S 指令切削线速度）。

G97：恒转速切削（S 表示主轴转速，若 G97 后不指定 S 时，默认前面已经指定的转速）。

（2）指令功能

车削直径变化较大的工件时，由公式 $v_c = n\pi d/1\,000$ 可知，切削速度与工件直径大小成反比关系，要控制均匀的表面质量，应该使用恒线速功能加工，这样可以自动实现大直径时低转速、小直径时高转速加工的功能，从而得到均匀的表面质量。

2. G72——端面粗车复合循环

（1）指令格式

G72 W (Δd) R (e);

G72 P (ns) Q (nf) U (Δu) W (Δw) F (f);

说明：

Δd：背吃刀量（半径量，无符号）。

e：退刀量。

ns：指定精加工路线的第一个程序段号。

nf：指定精加工路线的最后一个程序段号。

Δu：*X* 方向上的精加工余量（直径量）和方向（外轮廓用“+”，内轮廓用“-”）。

Δw：*Z* 方向上的精加工余量和方向。

在 ns ~ nf 程序段内的 F、S、T 功能无效。在整个粗车循环中，只执行循环开始前指令的 F、S、T 功能。

（2）编程实例

如图 4—38 所示，毛坯为 ϕ120 mm × 40 mm，应用 G72/G70 指令编写的程序如下。

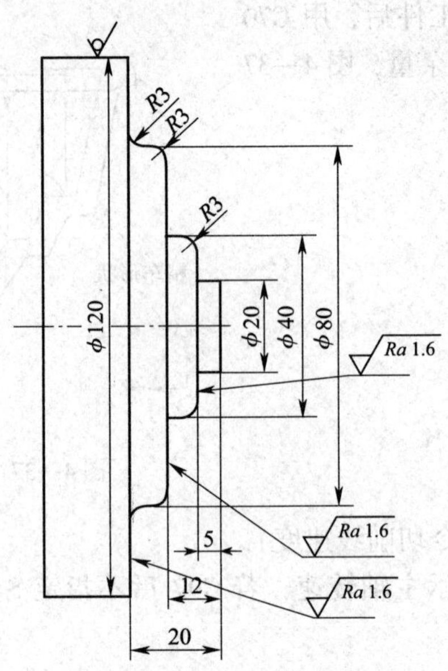

图 4—38　零件图

程序	说明
O0001;	程序名
M03 S500;	启动主轴，转速 500 r/min
T0101;	选择 1 号刀
G00 X121.0 Z1.0;	快速定位至起点
G72 W1.5 R1.0;	应用 G72 循环粗加工
G72 P10 Q20 U0.2 W0.3 F0.2;	
N10 G00 Z-20.0;	进刀
G50 S1200;	精车轮廓起始段，设最高转速为 1 200 r/min
G96 S120;	恒线速切削，线速度为 120 m/min
G01 X86.0 F0.1;	
G03 X80.0 Z-17.0 R3.0;	
G01 Z-15.0;	
G02 X74.0 Z-12.0 R3.0;	
G01 X40.0;	
Z-8.0;	
G02 X34.0 Z-5.0 R3.0;	
G01 X20.0;	
N20 Z0.5;	
G70 P10 Q20;	应用 G70 精加工轮廓
G97 G00 X100.0 Z100.0;	退刀，取消恒线速切削功能
M05;	主轴停
M30;	程序结束

说明：

1）G72 循环前的定位点必须是毛坯以外并且靠近工件毛坯的点。

2）应用 G72 循环粗加工时，精加工轮廓程序起始段必须是 Z 轴单方向运动，不可以有 X 轴动作，否则报警，程序不能执行；轮廓形状在平面构成轴（X 轴、Z 轴）方向上必须是单调增加或单调减小。

3）G70 精车循环之前的定位点必须是毛坯外的点，否则将会出现撞刀事故。

加工盘类零件常用的夹具

加工小型盘类零件常采用三爪自定心卡盘装夹工件，若有位置精度要求的表面不能在三爪自定心卡盘安装中加工完成时，通常在内孔精加工完成后，以内孔定位安装心轴或弹簧心轴加工外圆或端面，以保证位置精度要求。加工大型盘类零件时，因三爪自定心卡盘规格没那么大，所以常采用四爪单动卡盘或花盘装夹工件。

1. 心轴

当工件用已加工过的孔作为定位基准，并能保证外圆轴线和内孔轴线的同轴度要求时，可采用心轴装夹。这种装夹方法可以保证工件内外表面的同轴度，适用于一定批量生产。

心轴的种类很多，工件以圆柱孔定位常用圆柱心轴和小锥度心轴；对于带有锥孔、螺纹孔、花键孔的工件定位，常用相应的锥体心轴、螺纹心轴和花键心轴，圆锥心轴或锥体心轴定位装夹时，要注意其与工件的接触情况。工件在圆柱心轴上的定位装夹如图 4—39 所示，圆锥心轴或锥体心轴定位装夹时与工件的接触情况如图 4—40 所示。

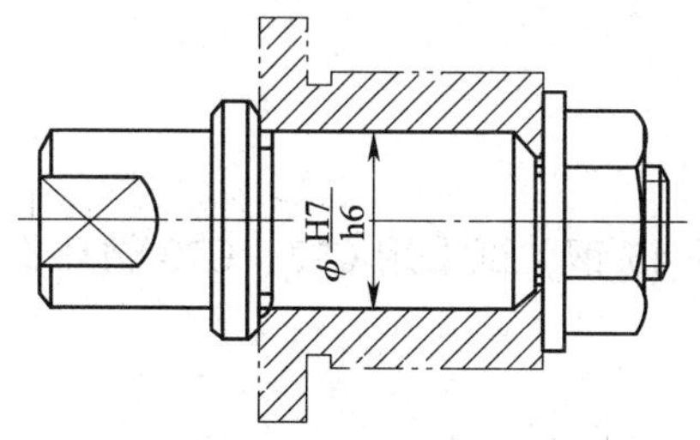

图 4—39　工件在圆柱心轴上定位装夹

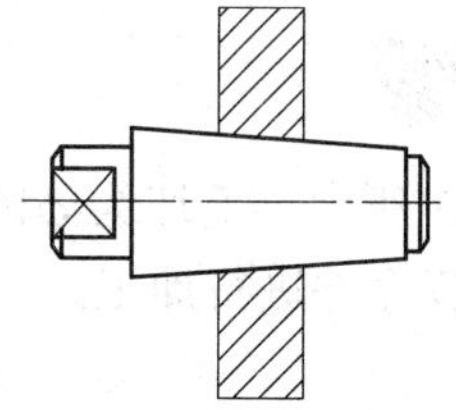

图 4—40　圆锥心轴安装工件的接触情况

圆柱心轴是以外圆柱面定心、端面压紧来装夹工件的，心轴与工件孔一般用 H7/h6、H7/g6 的间隙配合，所以工件能很方便地套在心轴上，但由于配合间隙较大，一般只能保证同轴度 0.02 mm 左右。为了消除间隙，提高心轴定位精度，心轴可以做成锥体，但锥体的锥度很小，否则工件在心轴上会产生歪斜，常用的锥度为 $C=1/100\sim1/1\,000$。定位时，工件压紧在心轴上，压紧后孔会产生弹性变形，从而使工件不致倾斜。

当工件直径较大时，则应采用带有压紧螺母的圆柱形心轴，它的夹紧力较大，但对中精度比锥度心轴低。

2. 花盘

花盘是安装在车床主轴上的一个大圆盘。形状不规则的工件，无法使用三爪自定心或四爪单动卡盘装夹的工件，可用花盘装夹，它也是加工大型盘套类零件的常用夹具。花盘上面开有若干个 T 形槽，用于安装定位元件、夹紧元件和分度元件等辅助元件，可加工形状复杂的盘套类零件或偏心类零件的外圆、端面和内孔等。用花盘装夹工件时，要注意平衡，应采用平衡装置以减少由离心力产生的振动及主轴轴承的磨损。一般平衡措施有两种：一种是在较轻的一侧加平衡块（配重块），其位置距离回转中心越远越好；另一种是在较重的一侧加工减重孔，其位置距离回转中心越近越好，平衡块的位置和重量最好可以调节。花盘如图 4—41 所示，在花盘上装夹工件及其平衡如图 4—42 所示。

图 4—41　花盘

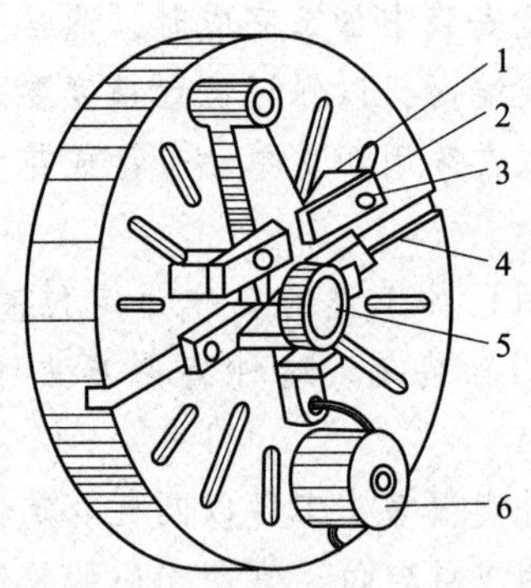

图 4—42　在花盘上装夹工件及其平衡

1—垫铁　2—压板　3—螺栓　4—螺栓槽

5—工件　6—平衡块

如图 4—43 所示，毛坯为 ϕ160 mm × 90 mm 的 45 钢，试采用 G72、G70 循环指令编写其数控车加工程序并进行加工。

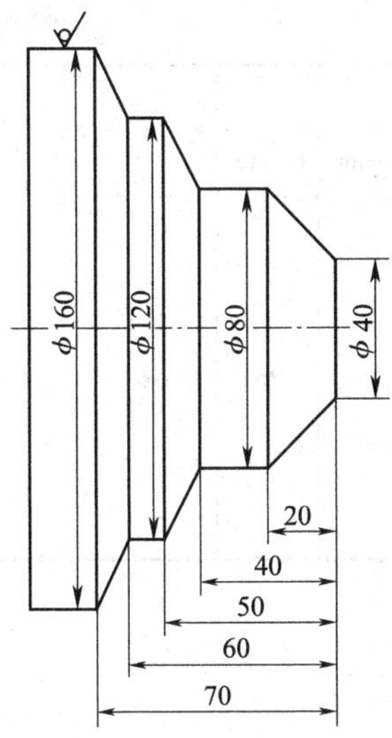

图 4—43　盘类零件图

一、工艺分析

1. 夹住毛坯 φ160 mm 外圆，应用 G72 循环指令粗加工外轮廓。
2. 应用 G70 循环指令精车外轮廓。

二、选择刀具及确定切削用量

1. 刀具选择

选择机夹外圆车刀，刀具型号 PCLNR2020K12，如图 4—44 所示，具体参数见表 4—10。

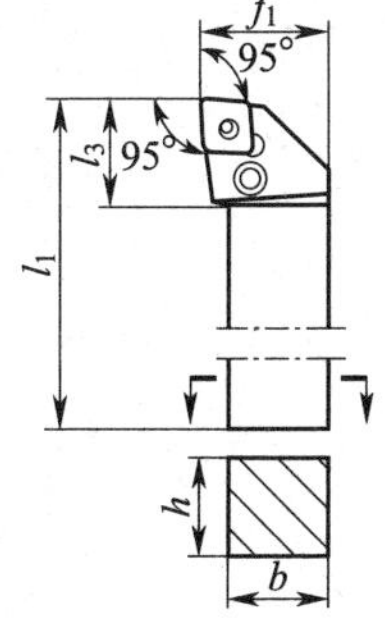

图 4—44　外圆车刀图

表 4—10 刀具参数表

应用	刀具型号	尺寸					γ_o/（°）	λ_s/（°）	
		h/mm	b/mm	l_1/mm	f_1/mm	l_3/mm			
95°	PCLNR - 2020K12	20	20	125	25	26	-6	-6	CNMG1204 04 - UR PX90

注：表中 γ_o 表示前角，λ_s 表示刃倾角。

2. 确定切削用量

刀具的选择及切削用量的确定见表 4—11。

表 4—11 数控加工刀具及切削用量选择

刀具号	刀具规格名称	数量	加工内容	主轴转速 /（r/min）	进给量 /（mm/r）	切削速度 /（m/min）	备注
T0101	95°外圆车刀	1	粗车成形面	600	0.2	120	
			精车外轮廓		0.08		

三、程序编制

程序	说明
O0003;	
M03 S600;	启动主轴，转速 600 r/min
T0101;	选择 1 号刀
G00 X162.0 Z2.0;	快速定位至循环前的起点（162，2）
G72 W1.5 R1.0;	设置 G72 循环参数
G72 P10 Q20 U0.2 W0.3 F0.2;	
N10 G00 Z-70.0;	进刀
G50 S1200;	限制最高主轴转速 1 200 r/min
G96 S120;	恒线速切削，线速度为 120 m/min
G41 G01 X160.0 F0.08;	精加工轮廓
X120.0 W10.0;	
W10.0;	
X80.0 W10.0;	
W20.0;	
X40.0 W20.0;	

续表

程序	说明
N20 G40 G01 W2.0;	退刀，取消刀尖圆弧半径补偿
G00 X300.0 Z50.0;	退刀
M05;	主轴停
M00;	程序暂停（测量，修改磨耗值补偿误差）
M03 S1200;	启动主轴
T0101;	执行刀补
G00 X162.0 Z2.0;	定位
G70 P10 Q20;	精加工
G00 X300.0 Z50.0;	退刀
M05;	主轴停
M30;	程序结束并返回

四、操作注意事项

1. 合理选择刀具，选择车削端面车刀。
2. 仔细设置刀具参数，在 01 号刀具形状参数设置 R = 0.4，T = 3，如图 4—45 所示。

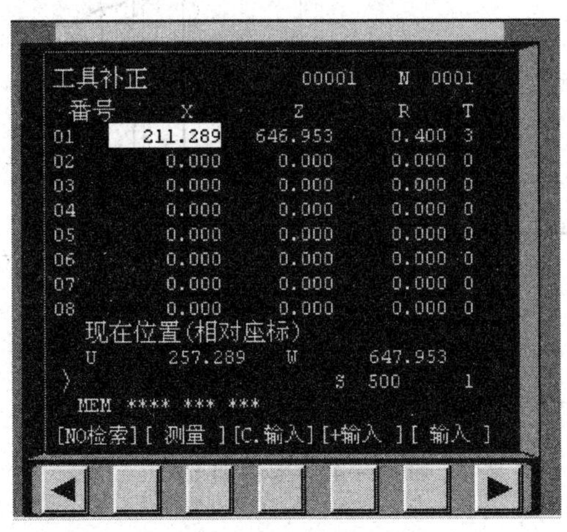

图 4—45　刀具参数输入画面

3. 当程序 G72 循环粗加工执行完毕后，此时主轴和程序均暂停，测量工件尺寸，若存在误差，应当在刀具参数表 01 号参数磨耗值中进行补偿。

数控车床加工盘类零件经常遇到的加工误差有多种，其问题现象、产生原因、预防和消除措施见表 4—12。

表 4—12　　盘类零件误差分析

问题现象	产生原因	预防和消除措施
端面尺寸超差	1. 对刀测量不准 2. 粗车结束时未进行测量调整	1. 对刀时认真测量 2. 粗车结束时测量，补偿误差
圆弧或锥面超差	1. 编程错误 2. 未正确使用刀尖圆弧半径补偿	1. 检查并修改程序 2. 正确使用刀尖圆弧半径补偿
精车结束时退刀撞刀	精车 G70 前的定位点错误	正确定位精车前的定位点
端面车削不平	1. 刀具几何角度不合理 2. 刀具磨损	1. 合理选择刀具角度 2. 及时更换刀片

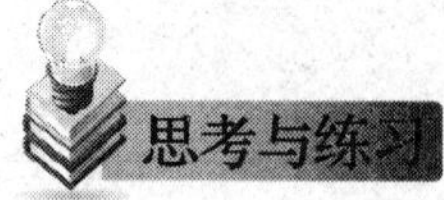

1. 在应用 G72、G70 循环加工轴类零件时，应当注意哪些问题？
2. 如图 4—46 所示零件图样，应用 G72/G70 指令编程加工该零件。

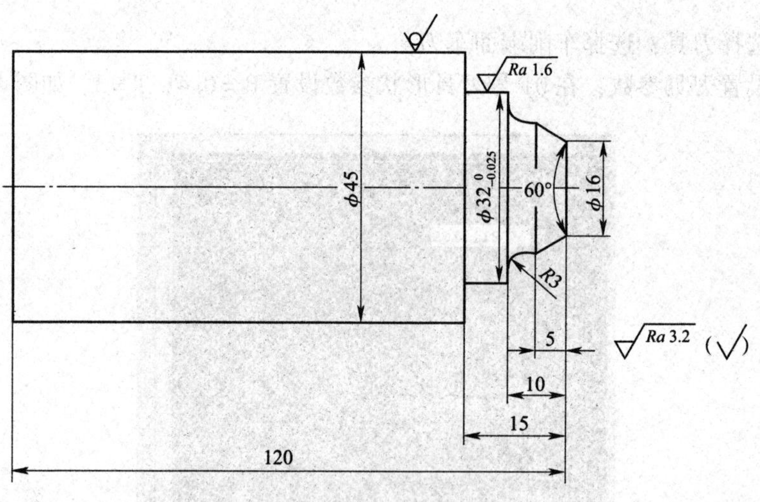

图 4—46　零件加工图

第五节　仿形切削粗车复合循环 G73/G70 的应用

1. 了解复合循环功能的加工特点，掌握 G73、G70 指令的应用。
2. 清楚仿形切削粗车复合循环功能的应用场合。

一、G73 仿形切削粗车复合循环特点

仿形切削粗车复合循环指令的每一刀切削路线的轨迹形状是相同的，只是位置不同。每走完一刀，就把切削轨迹向工件移动一个位置，主要用于毛坯轮廓形状与零件轮廓形状基本接近的铸、锻造毛坯件，可实现高效加工。

如图 4—47 所示为 G73 指令粗车外轮廓的走刀轨迹，$A'\to B$ 为精车轮廓形状，粗加工轨迹与 $A'\to B$ 形状一致，只是由外向内逐步平移，实现轮廓的粗加工，最终分别在 X 向和 Z 向留精加工余量 $\Delta u/2$ 和 Δw。

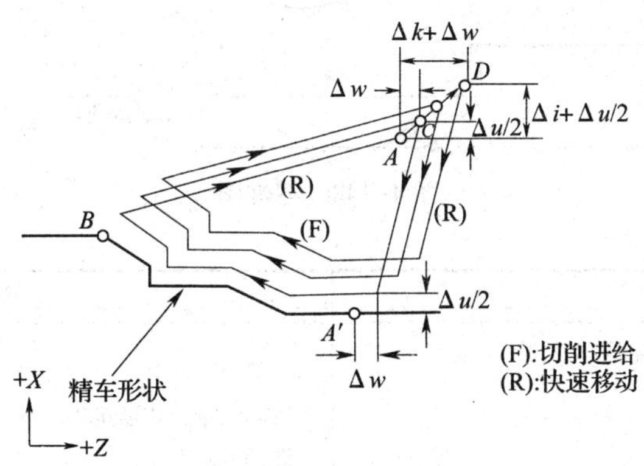

图 4—47　G73/G70 走刀轨迹图

当用 G73 指令粗加工完工件后，用 G70 来指定精车循环，切除粗加工余量。

二、G73——仿形切削粗车复合循环

1. 指令格式

G73 U (Δi)　W (Δk)　R (d);

G73 P (ns)　Q (nf)　U (Δu)　W (Δw)　F (f);

说明：

Δi：X 方向的退刀距离（半径量）。

Δk：Z 方向的退刀距离。

d：粗车循环刀数。

ns：指定精加工路线的第一个程序段号。

nf：指定精加工路线的最后一个程序段号。

Δu：X 方向上的精加工余量（直径量）和方向（外轮廓用“+”，内轮廓用“-”）。

Δw：Z 方向上的精加工余量和方向。

在 ns ~ nf 程序段内的 F、S、T 功能无效。在整个粗车循环中，只执行循环开始前指令的 F、S、T 功能。

2．编程实例

如图 4—48 所示，毛坯为 ϕ45 mm × 75 mm 的 45 钢，应用 G73/G70 指令编写的程序如下。

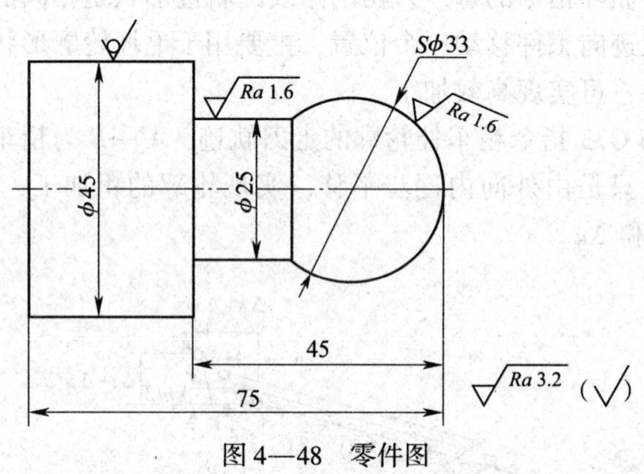

图 4—48　零件图

程序	说明
O0001；	
M03 S600；	启动主轴，转速 600 r/min
T0101；	选择 1 号刀
G00 X46.0 Z1.0；	快速定位靠近工件
G73 U22.5 W0 R10.0；	应用 G73 循环粗加工
G73 P10 Q20 U0.5 W0 F0.2；	
N10 G00 X0 S1200；	快速定位，设置精加工转速
G42 G01 Z0 F0.1；	移动至起点，刀尖圆弧半径右补偿
G03 X25.0 Z－27.27 R16.5；	车圆球
G01 Z－45.0；	车外圆
N20 G40 G01 X46.0；	退刀，取消刀尖圆弧半径补偿
G70 P10 Q20；	精加工
G00 X100.0 Z100.0；	退刀
M30；	程序结束

说明：

（1）G73 循环前的定位点必须是毛坯以外的安全点，进刀起点由系统根据 G73 所设置的参数和零件轮廓大小计算后自动调整定位。

（2）应用 G73 加工棒料毛坯零件时，由于是平移轨迹法加工，如图 4—49 所示，会出现很多空刀，因此，要求编程者应考虑更为合理的加工工艺方案。

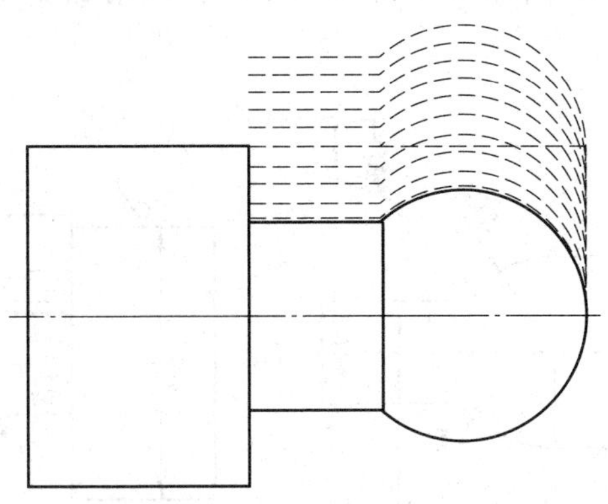
图 4—49　平移轨迹加工示意图

（3）G70 精车循环之前的定位点必须在毛坯外，否则将会出现撞刀事故。

如图 4—50 所示，毛坯为 ϕ45 mm × 75 mm 的 45 钢，试采用 G71、G73、G70 循环指令编写其数控车加工程序并进行加工。

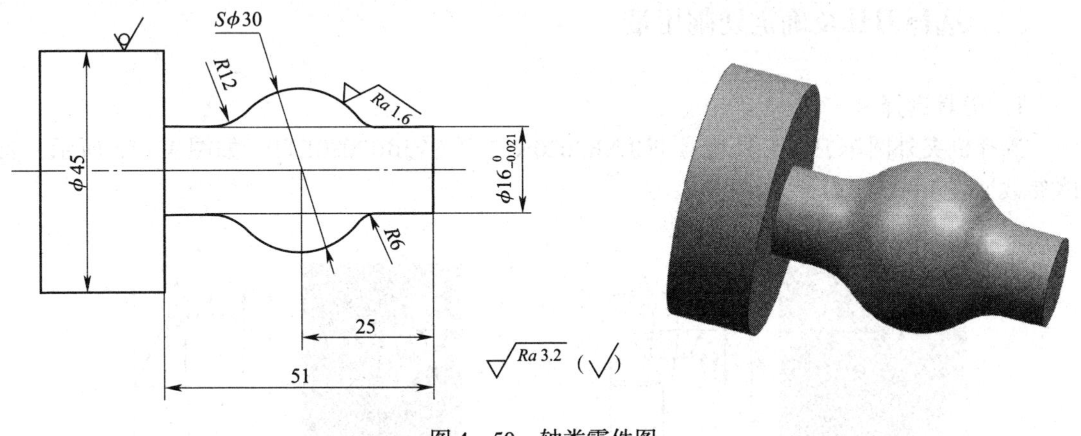

图 4—50　轴类零件图

一、工艺分析

1. 夹住毛坯 ϕ45 mm 外圆，伸出长度 55 mm，选择 95°外圆车刀，应用 G71 循环指令粗加工外轮廓，留精加工余量 0. 5 mm，如图 4—51a 所示。

2. 选择尖刀，应用 G73 循环指令粗车凹轮廓，留精加工余量 0.5 mm，如图 4—51b 所示。

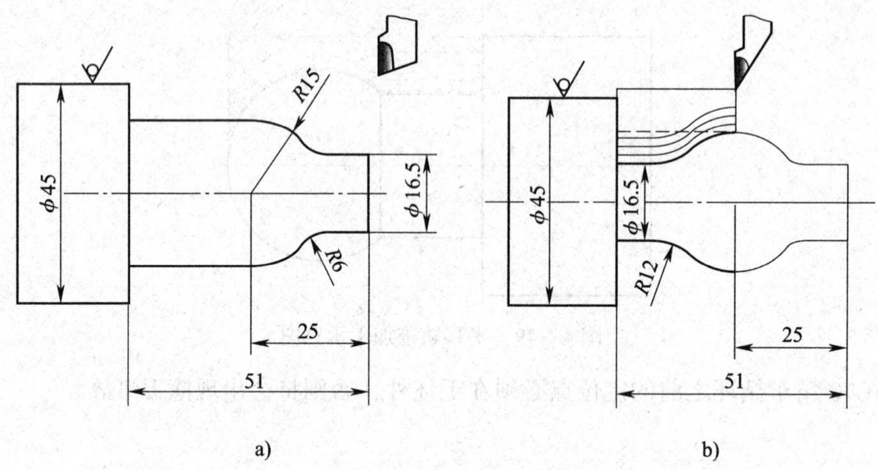

图 4—51　粗加工轨迹示意图

a）应用 G71 粗车外轮廓　b）应用 G73 粗车凹轮廓

3. 按图样尺寸要求，精加工完整轮廓。

二、选择刀具及确定切削用量

1. 刀具选择

选择机夹外圆车刀，刀具型号 PCLNR2020K12 和 SVJBR2020K11，如图 4—52 所示，具体参数见表 4—13。

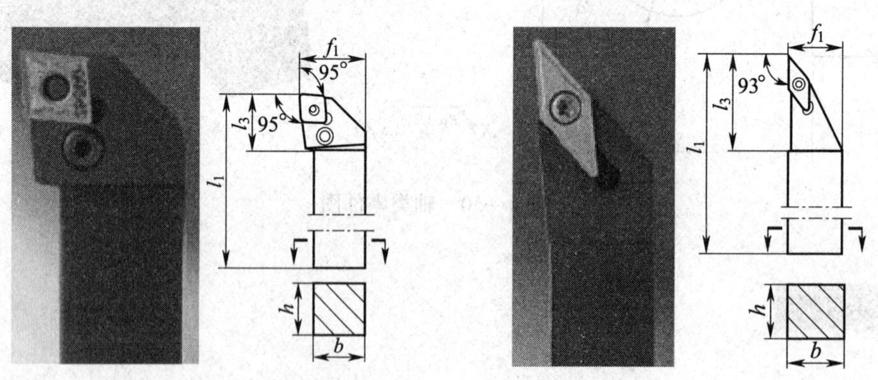

图 4—52　外圆车刀图

a）PCLNR2020K12　b）SVJBR2020K11

表 4—13　　刀具参数表

应用	刀具型号	尺寸					γ_o/(°)	λ_s/(°)	
		h/mm	b/mm	l_1/mm	f_1/mm	l_3/mm			
95°	PCLNR - 2020K12	20	20	125	25	26	-6	-6	CNMG1204 04 - UR PX90
93° 50°	SVJBR - 2020K11	20	20	125	25	27	0	0	VBMT160404 HQ TN60

注：表中 γ_o 表示前角，λ_s 表示刃倾角。

2. 确定切削用量

刀具的选择及切削用量的确定见表 4—14。

表 4—14　　数控加工刀具及切削用量选择

刀具号	刀具规格名称	数量	加工内容	主轴转速/（r/min）	进给量/（mm/r）	备注
T0101	95°外圆车刀	1	粗车外轮廓	600	0.2	
T0202	93°外圆车刀	1	粗车成形面	600	0.15	
			精车外轮廓	1 200	0.08	

三、程序编制

程序	说明
O0003;	程序名
M03 S600;	启动主轴，转速 600 r/min
T0101;	选择 1 号刀
G00 X46.0 Z2.0;	快速定位至循环前的起点（46，2）
G71 U2.0 R1.0;	设置 G71 循环参数
G71 P10 Q20 U0.5 W0 F0.2;	
N10 G00 X16.0;	粗车外轮廓程序

续表

程序	说明
G01 Z0;	
Z－9.35;	
G02 X20.0 Z－13.82 R6.0;	
G03 X30.0 Z－25.0 R15.0;	
G01 Z－51.0;	
N20 G01 X46.0;	
G00 X100.0 Z100.0;	
T0202;	换刀
G00 X46.0 Z－25.0;	定位至加工凹轮廓位置
G73 U7.0 R4.0;	设置 G73 循环参数
G73 P30 Q40 U0.5 W0 F0.15;	
N30 G42 G01 X30.0;	粗车外形凹轮廓程序
G03 X22.22 Z－35.08 R15.0;	
G02 X16.0 Z－42.51 R12.0;	
G01 Z－51.0;	
N40 G40 G01 X32.0;	
G00 X100.0 Z100.0;	
M05;	暂停测量
M00;	
M03 S1200;	设置精加工转速
T0202;	选择刀具
G00 X46.0 Z1.0;	快速定位
X16.0;	精加工完整轮廓
G01 Z－9.35 F0.08;	
G02 X20.0 Z－13.82 R6.0;	
G03 X22.22 Z－35.08 R15.0;	
G02 X16.0 Z－42.51 R12.0;	
G01 Z－51.0;	
G01 X46.0;	
G00 X100.0 Z100.0;	
M30;	

1．在应用 G73、G70 循环加工轴类零件时，应当注意哪些问题？

2．如图 4—53 所示零件图样，应用复合循环功能编程加工该零件。

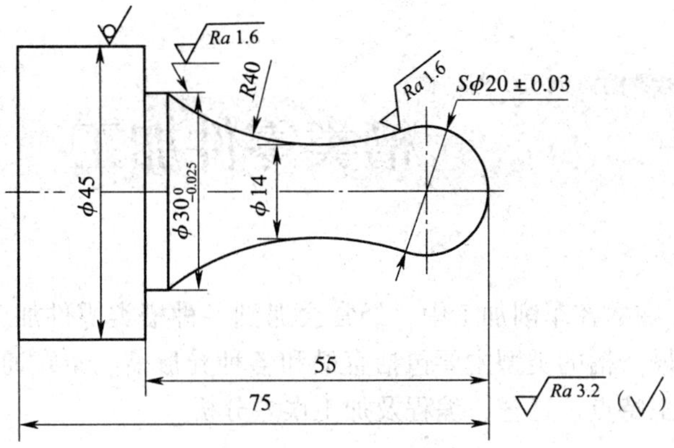

图 4—53 零件图

第五章

槽类零件加工

如图 5—1 所示，在数控车削加工中，经常会遇到各种槽类零件加工。圆柱体车槽包括内外圆车槽和端面车槽。槽的类型主要包括直槽和各种异形槽。本章通过多个课题的训练，重点介绍纵向槽的加工特点、工艺、编程及加工误差分析。

图 5—1　槽类零件

第一节　直 槽 加 工

学习目标

1. 掌握 G04 指令的应用。
2. 掌握 G94 指令在车槽中的应用。
3. 能合理选择车槽或切断刀具。
4. 能对槽类零件的加工误差进行分析。

相关理论

一、G04——延时

1. 指令格式

G04　X ____;

或 G04 U ____;

或 G04 P ____;

说明：

X、U、P 指定延时时间，X（U）表示延时，单位为 s；

P 表示延时，单位为 ms。

2. 指令功能

G04 指令可使程序执行到出现该指令的程序段时暂停。如车槽加工时，为使槽底圆整光滑，可采用该指令。

3. 编程实例

如图 5—2 所示，加工该零件槽，用 G00、G01、G04 指令编写的精加工程序如下。

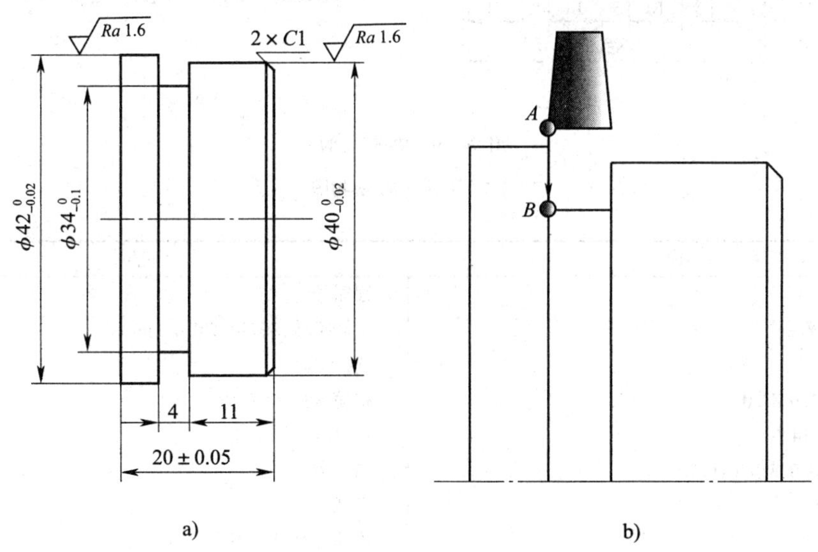

图 5—2 车槽加工

a）零件图 b）加工示意图

程序	说明
O0001;	程序名
M03 S500;	启动主轴，转速 500 r/min
T0202;	选择 2 号刀，宽度 4 mm 车槽刀
G00 X45.0 Z-15.0;	快速定位至起点 *A*
G01 X34.0 F0.1;	加工 φ34 mm 槽至 *B* 点
G04 X2.0;	延时 2 s
G00 X45.0;	退刀至 *A* 点
G00 X100.0 Z100.0;	远离零件
M30;	程序结束

二、径向车槽循环指令——G94

G94 X（U）____Z（W）____F____；

在指令使用时，如果设定 Z 值不移动或设定 W 值为零时，就可用来进行车槽加工。如图 5—3 所示，毛坯为 ϕ30 mm 的棒料，采用 G94 编写加工程序，加工程序如下。

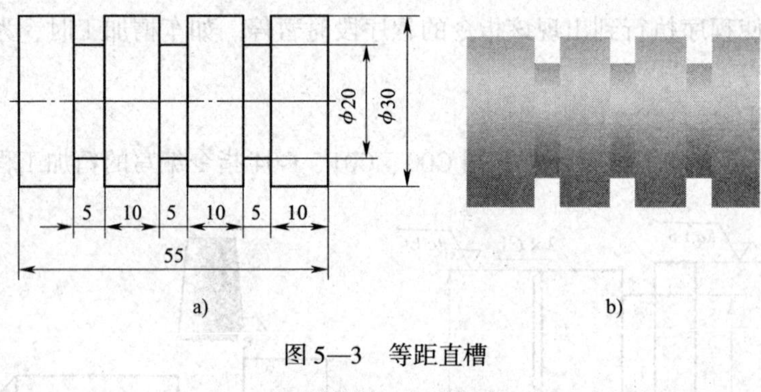

图 5—3　等距直槽

a）零件图　b）实物图

程序	说明
O0002；	程序号
N10 M03 S200；	主轴正转，转速 200 r/min
N15 T0303；	选择刀具
N20 G00 X32.0 Z2.0 ；	移动刀具至定刀点
N30 G00 Z－14.0 ；	定刀点
N40 G94 X20.0 W0.0 F0.1 ；	加工槽
N50 W－1.0 ；	扩槽
N60 G00 Z－24.0 ；	移动刀具至定刀点
N70 G94 X20.0 W0.0 F0.1 ；	加工槽
N80 W－1.0 ；	扩槽
N90 G00 Z－34.0 ；	移动刀具至定刀点
N100 G94 X20.0 W0.0 F0.1；	加工槽
N110 W－1.0 ；	扩槽
N120 G00 Z100.0 ；	快速退刀
N130 M30；	程序结束

车槽刀与切断刀的安装和加工方法

1. 车外槽刀具的安装

（1）刀具可达加工要求时，安装时车槽刀不宜伸出过长。

(2) 横向进给时，主刀刃高度对工件中心控制在 ±0.2 mm 范围内，刀片与工件中心尽量等高。

(3) 刀片尽量垂直于中心，两个副偏角对称，以保证主刀刃与工件轴线平行。

2. 切断刀具的安装

(1) 安装时，切断刀不宜伸出过长，同时切断刀的中心线必须与工件中心线垂直，以保证两个副偏角对称。

(2) 切断实心工件时，切断刀的主切削刃必须与工件中心等高，否则不能车到中心，而且容易崩刃，甚至折断车刀。

3. 车外直槽的加工方法

(1) 车削深度较浅和宽度较窄的槽时，可采用刀宽等于槽宽的车槽刀，采用一次直进法车出。

(2) 有精度要求的槽，一般采用两次直进法车出。

4. 切断方法

(1) 直进法切断工件

所谓直进法，是指垂直于工件轴线方向进行切断。这种方法切断效率高，但对车床、切断刀的刃磨和安装都有较高的要求，否则容易造成刀头折断。

(2) 左右借刀法切断工件

在切削刚度不足的情况下，可采用左右借刀法切断。这种方法是指切断刀在轴线方向反复地往返移动，随之两侧径向进给，直至工件切断。

(3) 反切法切断工件

反切法是指工件反转，车刀反向装夹，这种切断方法宜用于较大直径工件的切断。

工作任务

如图 5—4 所示，毛坯为 ϕ45 mm ×120 mm 的 45 钢，用 G00、G01、G04 等指令进行编程并加工该零件。

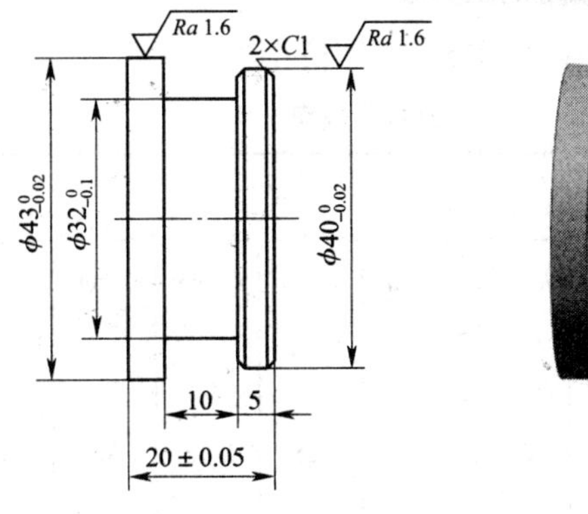

图 5—4　零件图

一、工艺分析

1. 夹住毛坯 ϕ45 mm 外圆，伸出长度 30 mm：应用 G71 循环指令粗车外轮廓，X 轴留精加工余量 0.5 mm，外圆车至尺寸 ϕ43.5 mm、ϕ40.5 mm。

2. 精车外轮廓至尺寸。

3. 更换车槽刀具 T0202，加工槽以及侧面倒角。

4. 选择切断刀将工件切断保证长度 20 ±0.05 mm。

二、选择刀具及确定切削用量

1. 刀具选择

选择机夹外圆车刀，刀具型号为 PCLNR2020K12；机夹车槽刀如图 5—5 所示，刀具型号为 CFMR2020K04，具体参数见表 5—1；切断刀如图 5—6 所示，刀具型号为 CFMR 32－04，具体参数见表 5—2。

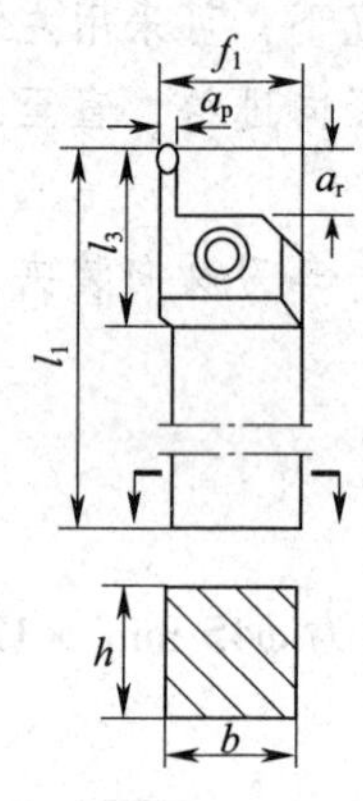

图 5—5　车槽刀图

表 5—1　　刀具参数表

应用	刀具型号	尺寸						
		h/mm	b/mm	l_1/mm	f_1/mm	L_3/mm	a_r/mm	
	CFMR－2020K04（刀宽 4 mm）	20	20	125	21.5	39	20	LCMF 160404－0400－FT TP200

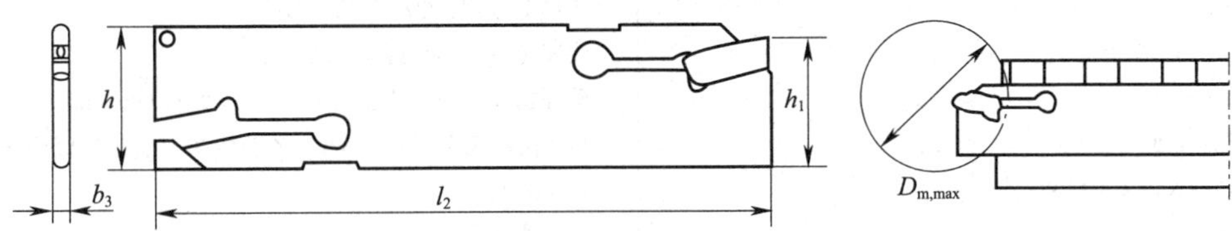

图 5—6　切断刀图

表 5—2　　　　**刀具参数表**

应用	刀具型号	尺寸				$D_{m,max}$	
		b_3/ mm	l_2/ mm	h/ mm	h_1/ mm		
	CFMR - 32 - 04	3	150	25	32	34	LCMF 160404 - 0400 - MT TP200

2. 确定切削用量

刀具的选择及切削用量的确定见表 5—3。

表 5—3　　　　**数控加工刀具及切削用量选择**

刀具号	刀具规格名称	数量	加工内容	主轴转速/(r/min)	进给量/(mm/r)	备注
T0101	90°外圆车刀	1	粗车外轮廓	600	0. 2	
			精车外轮廓	1 200	0. 08	
T0202	车槽刀	1	车槽加工	500	0. 1	
T0303	切断刀	1	切断	500	0. 1	

三、程序编制

程序	说明
O0002；	程序名
M03 S600；	启动主轴正转，转速 600 r/min
T0101；	选择 1 号刀，90°外圆车刀
G00 X46. 0 Z2. 0；	快速定位，X46 mm，Z2 mm
G71 U2. 0 R1. 0；	循环指令，背吃刀量 2 mm，X 轴退刀量 1 mm
G71 P10 Q20 U0. 5 W0. 05 F0. 2；	X 轴精加工余量 0. 5 mm，Z 轴精加工余量 0. 05 mm
N10 G00 X38. 0 S1200；	X 轴进刀
G01 Z0 F0. 08；	Z 轴进刀
X40. 0 Z－1. 0；	倒角 C1
Z－15. 0；	加工 ϕ40 mm 外圆
X43. 0；	车台阶面
Z－24. 0；	加工 ϕ43 mm 外圆
N20 X46. 0；	车台阶面
G00 X46. 0 Z2. 0；	快速定位
G70 P10 Q20；	循环精加工
G00 X100. 0 Z100. 0；	远离工件
T0202；	换刀
S500；	改变转速，500 r/min
G00 X46. 0 Z－9. 0；	定位
G01 X32. 0 F0. 1；	车槽
G04 X2. 0；	延时 2 s
G00 X46. 0；	X 轴退刀
G00 X46. 0 Z－12. 0；	快速定位
G01 X32. 0 F0. 1；	车槽
G04 X2. 0；	延时 2 s
G00 X44. 0；	X 轴退刀
Z－15. 0；	Z 轴移动
G01 X32. 0 F0. 1；	车槽
G04 X2. 0；	延时 2 s
G00 X100. 0；	X 向退刀
Z100. 0；	Z 向退刀
T0303；	换切断刀（刀宽 4 mm）
G00 X46. 0 Z－24. 0；	快速定位
G01 X0 F0. 1；	切断
G00 X100. 0；	X 轴退刀
Z100. 0；	Z 轴退刀
M30；	程序结束并返回

数控车床加工外槽时经常遇到的加工误差有多种，其问题现象、产生原因、预防和消除措施见表 5—4。

表 5—4　车削外槽时产生废品的原因及预防方法

问题现象	产生原因	预防和消除措施
槽的宽度不正确	1. 刀具参数不准确 2. 程序错误	1. 调整或重新设定刀具参数 2. 检查修改程序
槽的位置不正确	1. 程序错误 2. 测量错误	1. 检查修改程序 2. 正确测量
槽的深度不正确	1. 程序错误 2. 测量错误	1. 检查修改程序 2. 正确测量
槽的侧面呈现凸凹面	1. 刀具安装角度不对称 2. 刀具两刀尖磨损不对称	1. 正确安装刀具 2. 更换刀片
槽底出现振动，留有振纹	1. 工件装夹不合理 2. 刀具安装不合理 3. 切削参数设置不合理 4. 程序延时太长	1. 正确装夹工件，保证刚度 2. 调整刀具安装位置 3. 降低切削速度和合理选择 f 4. 缩短程序延时时间
车槽过程中出现扎刀现象，造成刀具断裂	1. 进给量 f 过大 2. 切屑阻塞	1. 减小进给量 f 2. 采用断、退方式切入

如图 5—7 所示零件图样，用 FANUC 0i 系统数控车床加工该零件。

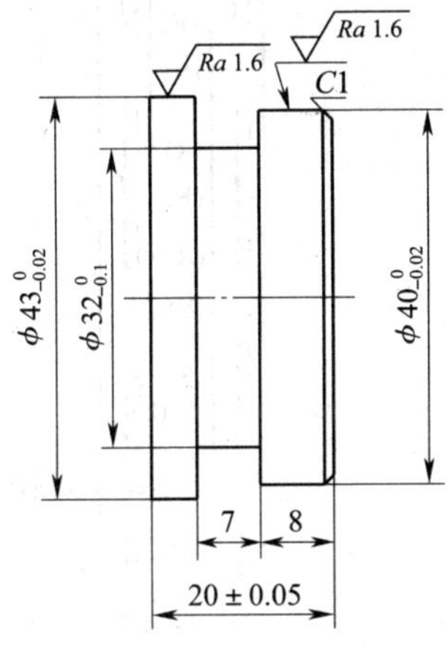

图 5—7　零件图

第二节　矩形槽加工

1. 掌握 G75 指令的应用。
2. 掌握矩形槽加工的类型。
3. 能合理选择宽槽加工参数。

一、G75 指令功能

G75 指令可使程序执行到出现该指令的程序段时暂停。如车槽加工时，为使槽底圆整光滑，可采用该指令。轴向（*Z* 轴）进刀循环复合径向断续切削循环，从起点 *X* 轴进给、回退、再进给……直至切削到与切削终点 *X* 轴坐标相同的位置，然后轴向退刀、径向回退至与起点 *X* 轴坐标相同的位置，完成一次径向切削循环；轴向再次进刀后，进行下一次径向切削循环；切削到切削终点后，返回起点（G75 起点和终点相同），径向车槽复合循环完成。G75 的轴向进刀和径向进刀方向由切削终点 X（U）__Z（W）__与起点的相对位置决定，此指令用于加工径向环形槽或圆柱面，径向断续切削起到断屑、及时排屑的作用。如图 5—8所示，本循环可自动断屑，可在 *X* 轴车槽及 *X* 轴啄式钻孔。

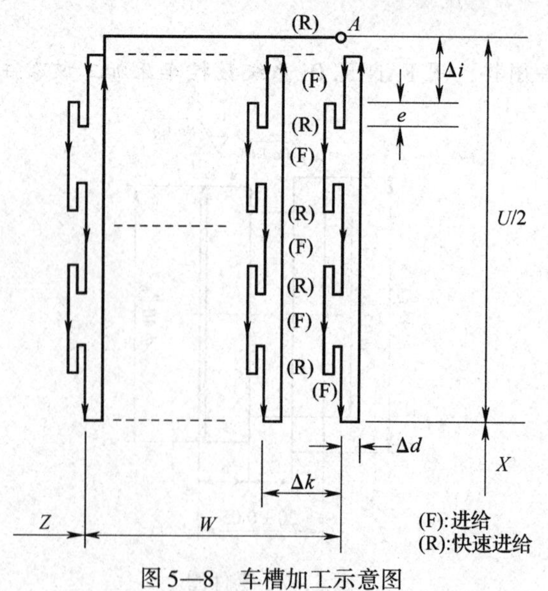

图 5—8　车槽加工示意图

二、G75——径向车槽复合循环

1. 指令格式

G75　R ____;

G75　X（U）____ Z（W）____P ____Q ____F ____;

说明：

R：车槽的回退量，该值为模态值。

X、Z：车槽的终点坐标。

P：每次 *X* 向背吃刀量，单位为 μm。

Q：*Z* 向移动量，单位为 μm。

F：进给率。

2. 编程实例

如图 5—9 所示，加工该零件槽，用 G00、G75 指令编写的精加工程序如下。

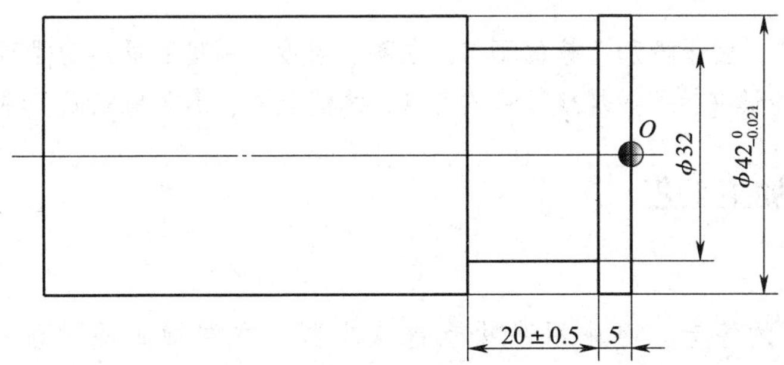

图 5—9 零件图

程序	说明
O0001;	程序名
M03 S500;	启动主轴，转速 500 r/min
T0202;	选择 2 号刀，宽度 4 mm 车槽刀
G00 X46.0 Z2.0;	快速定位，*X*46 mm ，*Z*2 mm
Z -9.0;	*Z* 轴负向定位
G75 R2.0;	车槽回退 2 mm
G75 X32.0 Z -25.0 P3000 Q3000 F0.1;	每次切深 3 mm，*Z* 轴移动 3 mm
G00 X46.0;	*X* 轴退刀
G00 X100.0 Z100.0;	退刀至安全点
M30;	程序结束并返回

车槽的工艺方法

一、车槽的工艺特点

1. 一个主刀刃、两个副刀刃同时参与三面车削，被车削材料塑性变形复杂、摩擦阻力大，加工时进给量小、车削厚度薄、平均变形大、单位车削力增大。总车削力与功耗大，一般比外圆加工大 20% 左右，同时切削热高，散热差，车削温度高。

2. 车削速度在加工过程中不断变化，特别是切断加工时，车削速度由最大一直变化至零。车削力和车削热也在不断变化。

3. 工件在旋转过程中，刀具不断切入，实际在车槽底面形成的是阿基米德螺旋线，由此造成实际前角、后角都在不断变化，使过程更为复杂。

4. 因刀具宽度窄，相对悬伸长，刀具刚度差，易振动，特别是切断、车深槽时该现象更加明显。

5. 数控加工中，由于被加工槽的形状、位置、宽度、深度不同，为尽可能减少刀具更换次数，因此，要选择能够夹持多种规格刀片的刀具，才能优质、高效地完成多种类型的槽的加工。

二、车槽的加工工艺

1. 车外宽槽

（1）车削较宽的槽时，可采用多次直进法车削，并在槽壁两侧留一定精车余量，如图 5—10所示。

（2）车削槽侧面倒角，一般斜向进给，编制图样程序，考虑刀具的刀尖位置。

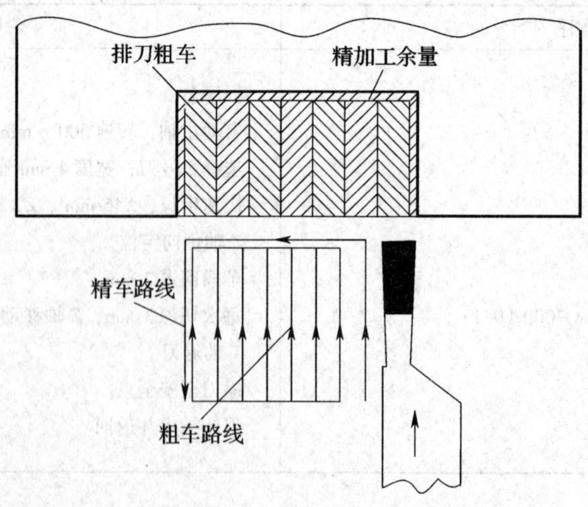

图 5—10　宽槽车削示意图

2. 车斜沟槽

(1) 车削45°斜槽时，可用45°专用车刀，编制相应程序加工，如图5—11所示。

(2) 车削圆弧沟槽时，可用专用端面圆弧刀，编制相应程序加工，如图5—12所示。

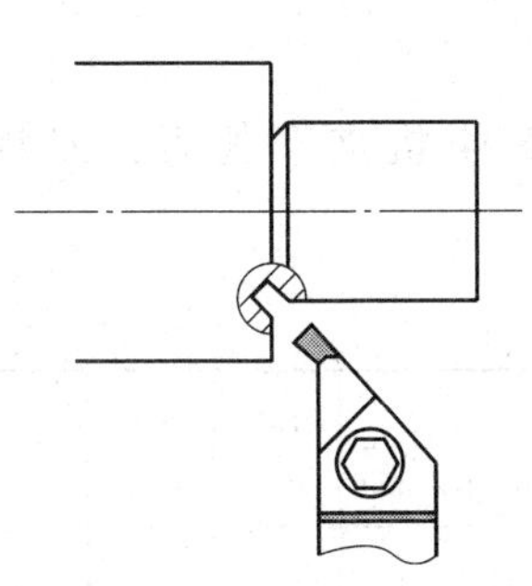

图5—11 斜槽加工示意图

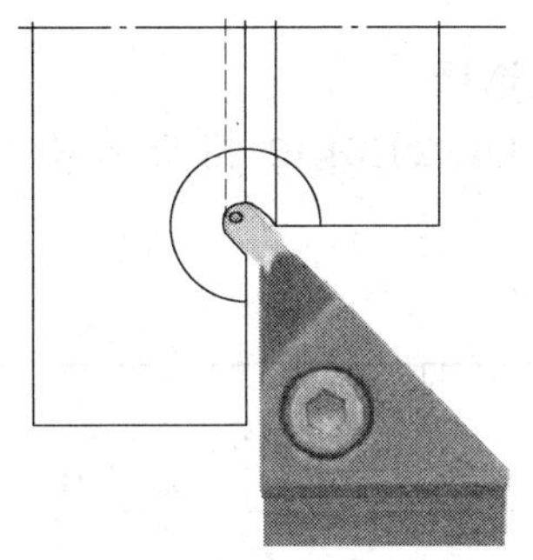

图5—12 圆弧沟槽加工示意图

如图5—13所示，毛坯为ϕ45 mm×120 mm的45钢，用G00、G01、G70、G71、G75等指令进行编程并加工该零件。

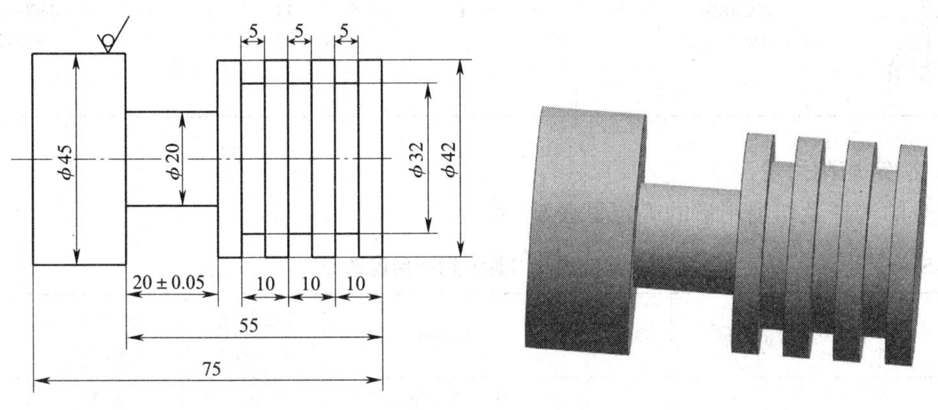

图5—13 零件图

一、工艺分析

1. 夹住毛坯ϕ45 mm外圆，伸出长度大于55 mm；应用G71循环指令粗车外轮廓，留精加工余量0.5 mm。

2. 精车外轮廓至尺寸。

3. 更换车槽刀具 T0202，加工 3 个 5 mm 窄槽以及 20 mm ±0.05 mm 宽槽。

二、选择刀具及确定切削用量

1. 刀具选择

选择 PCLNR2020K12 机夹外圆车刀和 CFMR2020K04 机夹车槽刀，刀具具体参数见表 5—5。

表 5—5　　刀具参数表

应用	刀具型号	尺寸					γ_0/(°)	λ_s/(°)	
		h/ mm	b/ mm	l_1/ mm	f_1/ mm	l_3/ mm			
95°	PCLNR－2020K12	20	20	125	25	26	－6	－6	CNMG120404－UR PX90
	CFMR－2020K04（刀宽 4 mm）	20	20	125	21.5	39	1	—	LCMF 160404－0400－FT TP200

2. 确定切削用量

刀具的选择及切削用量的确定见表 5—6。

表 5—6　　数控加工刀具及切削用量选择

刀具号	刀具规格名称	数量	加工内容	主轴转速/（r/min）	进给量/（mm/r）	备注
T0101	95°外圆车刀	1	粗车外轮廓	600	0.2	
			精车外轮廓	1 200	0.08	
T0202	车槽刀	1	车槽加工	500	0.1	

3. 程序编制

程序	说明
O0002；	程序名
M03 S600；	启动主轴正转，转速 600 r/min
T0101；	选择 1 号刀，95°外圆车刀
G00 X46.0 Z2.0；	快速定位，X46 mm，Z2 mm

续表

程序	说明
G71 U2.0 R1.0;	设置 G71 粗车循环参数
G71 P10 Q20 U0.5 W0.05 F0.2;	
N10 G00 X42.0 S1200;	X 轴进刀
G01 Z0 F0.08;	靠近起点
Z-55.0;	加工 ϕ42 mm 外圆
N20 X46.0;	车台阶面
G00 X46.0 Z2.0;	快速定位，X46 mm，Z2 mm
G70 P10 Q20;	精加工
G00 X150.0 Z100.0;	远离工件
T0202;	换刀
S500;	改变转速，500 r/min
G00 X46.0 Z-9.0;	快速定位，X46 mm，Z-9 mm
G75 R2.0;	设置 G75 切槽参数
G75 X32.0 Z-10.0 P5000 Q1000 F0.1;	
G00 X46.0 Z-19.0;	
G75 R2.0;	
G75 X32.0 Z-20.0 P5000 Q1000 F0.1;	
G00 X46.0 Z-29.0;	
G75 R2.0;	
G75 X32.0 Z-30.0 P5000 Q1000 F0.1;	
G00 X46.0 Z-39.0;	快速定位，X46 mm，Z-39 mm
G75 R2.0;	切槽回退 2 mm
	定位至中间槽的右侧
G75 X20.0 Z-55.0 P5000 Q3500 F0.1;	设置中间槽的 G75 循环参数
G00 X100.0;	X 向退刀
Z100.0;	Z 向退刀
M30;	程序结束并返回

如图 5—14 所示零件图样，在 FANUC 0i 系统数控车床上加工该零件。

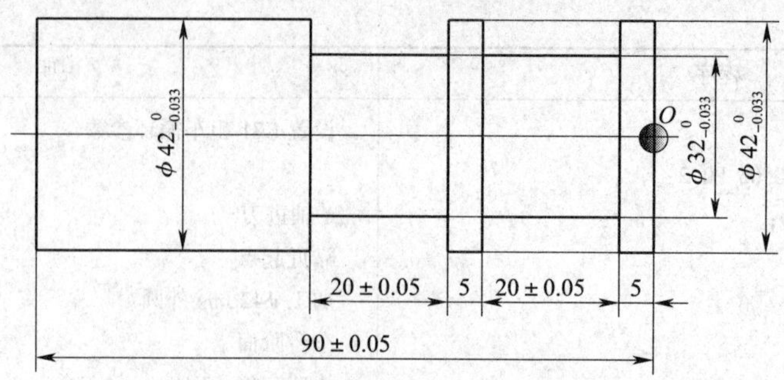

图 5—14　零件图

第三节　异形槽加工

1. 掌握 M98、M99 指令的应用。
2. 了解异形槽加工的常见类型。
3. 能合理安排异形槽的粗、精加工工艺。
4. 能用多个刀补控制同一把刀具，以简化异形槽编程。

一、子程序的定义

数控加工程序可以分为主程序和子程序两种。所谓主程序是一个完整的零件加工程序，或是零件加工程序的主体部分，它和被加工零件或加工要求一一对应，不同的零件或不同的加工要求都有唯一的主程序。

在编制加工程序中，有时会遇到一组程序段在一个程序中多次出现，或者在几个程序中都要使用它，这个典型的加工程序可以做成固定程序，并单独命名，这组程序段就称为子程序。

子程序一般都不可以作为独立的加工程序使用，它只能通过调用，实现加工中的局部动作。子程序执行结束后，能自动返回到调用的程序中。

二、子程序的嵌套

为了进一步简化程序，可以让子程序调用另一个子程序，这一功能称为子程序的嵌套。

当主程序调用子程序时，该子程序被认为是一级子程序，系统不同，其子程序的嵌套级别也不相同。一般情况下，在 FANUC 0i 系统中，子程序可以嵌套 4 级。

三、子程序的格式

在大多数数控系统中，子程序和主程序并无本质区别。子程序和主程序在程序号及程序内容方面基本相同，但结束标记不同。主程序用 M02 或 M03 结束，而子程序则用 M99 结束，并实现自动返回主程序功能。

子程序格式如下：

```
O0100;
G91 G01 Z-2.0;
…
G91 G28 Z0;
M99;
```

对于子程序结束指令 M99，不一定要单独书写一行，如上面程序中最后两行写成“G91 G28 Z0 M99;”也是允许的。

四、子程序的调用

1. 指令格式

在 FANUC 0i 系统中，子程序的调用可通过辅助功能代码 M98 指令进行，且在调用格式中将子程序的程序号改为 P，其常用的子程序调用格式有两种。

M98　P××××L××××；

如　M98 P0010 L5 或 M98 P50010 都表示连续 5 次调用 0010 号程序。

2. 指令功能

地址 P 后面的四位数字为子程序号，地址 L 后的数字表示重复调用的次数，子程序号及调用次数前的 0 可省略不写。如果只调用一次，则地址 L 及其后的数字可省略。

3. 编程实例

如图 5—15 所示，加工该零件中的两个直槽，用 G00、G01、G04、M98、M99 等指令编写的精加工程序如下。

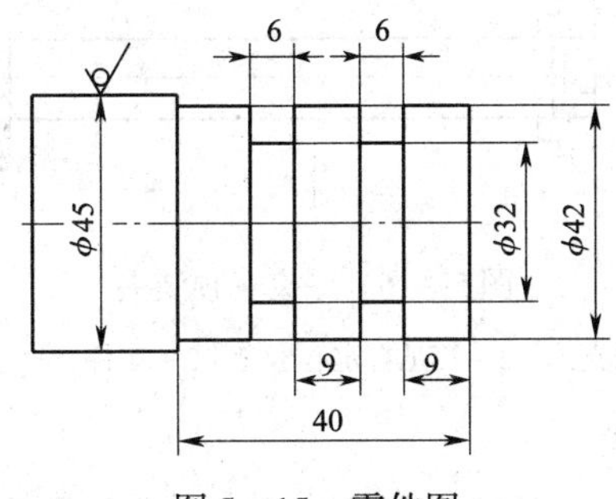

图 5—15　零件图

程序	说明
O0001；	主程序名
M03 S500；	启动主轴，转速 500 r/min
T0202；	选择 2 号刀，宽度 4 mm 车槽刀
G00 X46.0 Z0；	快速定位，X46 mm，Z0 mm
M98 P0002 L2；	调用子程序 O0002，循环两次
G00 X46.0；	X 轴退刀
G00 X100.0 Z100.0；	远离零件
M30；	主程序结束
O0002；	子程序名
G00 W－15.0；	Z 轴负向增量移动
G01 X32.0 F0.05；	车槽至直径 ϕ32 mm
G04 X2.0；	槽底延时 2 s
G00 X42.0；	X 轴退刀
W2.0；	Z 轴正向移动 2 mm
G01 X32.0；	车槽至直径 ϕ32 mm
G04 X2.0；	槽底延时 2 s
G00 X46.0；	X 轴退刀
W－2.0；	Z 轴负向移动 2 mm
M99；	返回主程序

1. 一夹一顶装夹

车削时，工件必须在车床夹具中定位并夹紧，工件装夹得是否正确可靠，将直接影响加工质量和生产效率，应十分重视。粗车时一般采用一夹一顶的装夹方法。

装夹时将工件的一端用三爪自定心卡盘 2 夹紧，而另一端用后顶尖 4 支顶的装夹方法称为一夹一顶装夹，如图 5—16 所示。为了防止由于进给力的作用而使工件轴向位移，可以在主轴前端锥孔内安装一个限位支撑 1，用这种方法装夹较安全可靠，能承受较大的进给力。

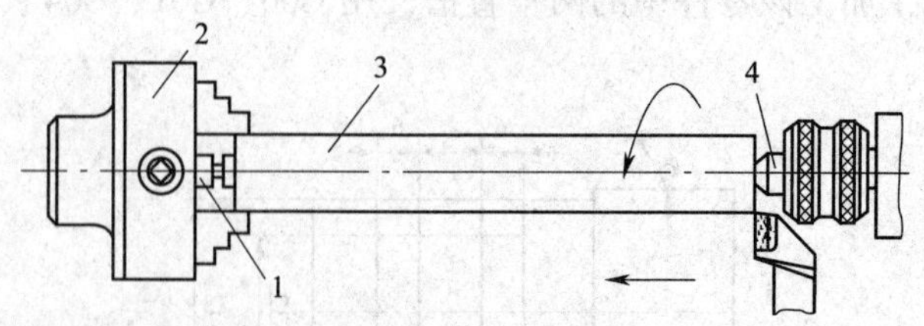

图 5—16　一夹一顶装夹

1—限位支撑　2—三爪自定心卡盘　3—工件　4—后顶尖

2. 一夹一顶车削工艺要求

一夹一顶车削轴类零件时，为了保证零件的技术要求、保护机床及工具应注意以下几点：

(1) 工件端面中心必须钻中心孔。

(2) 为了防止车削过程中工件产生轴向窜动，必须车削工艺台阶。

(3) 卡盘部分不能夹持太长。

(4) 车床尾座的轴线必须与主轴轴线重合。

(5) 车床尾座套筒伸出长度不宜过长，在不影响进刀的前提下，应尽量伸出短些，以增加尾座套筒的刚度。

3. 钻中心孔的工艺要求

若用一夹一顶装夹工件，必须先在工件一端或两端的端面上加工出合适的中心孔。

(1) 中心孔和中心钻的类型

国家标准《中心孔》(GB/T 145—2001) 规定中心孔有 A 型（不带护锥）、B 型（带护锥）、C 型（带护锥和螺纹）和 R 型（弧形）四种，其类型、结构及作用见表 5—7。

表 5—7　　中心孔的类型、结构及作用

<table>
<tr><th colspan="2">类型</th><th>A 型</th><th>B 型</th><th>C 型</th><th>R 型</th></tr>
<tr><td colspan="2">适用</td><td>精度要求一般的工件</td><td>精度要求较高或工序较多的工件</td><td>当需要把其他零件轴向固定在轴上时</td><td>轻型和高精度轴类工件</td></tr>
<tr><td colspan="2">结构图</td><td>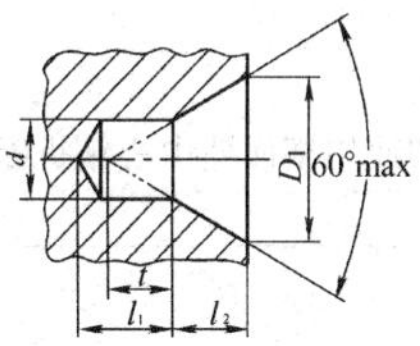
</td><td>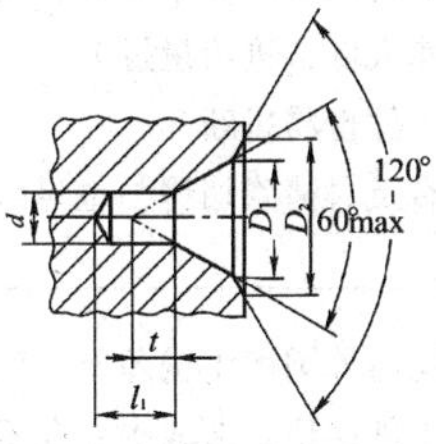
</td><td>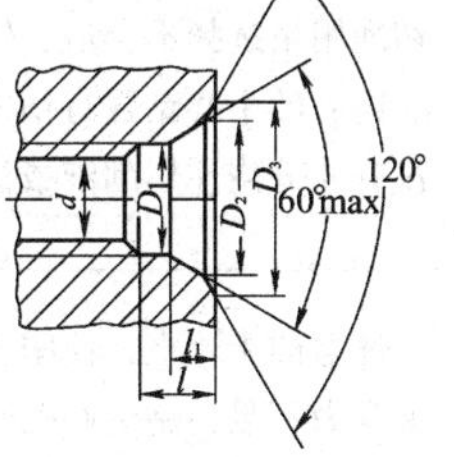
</td><td>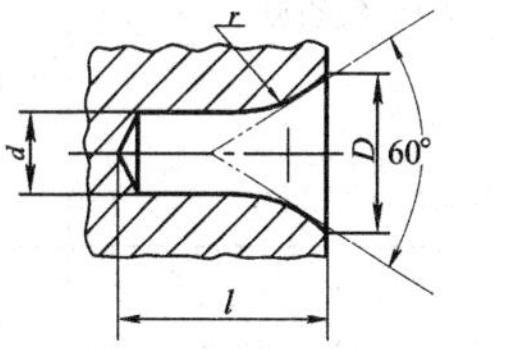
</td></tr>
<tr><td colspan="2">使用的中心钻</td><td>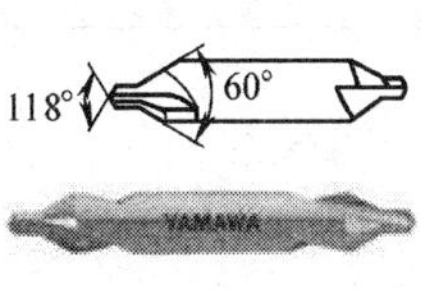
</td><td colspan="2">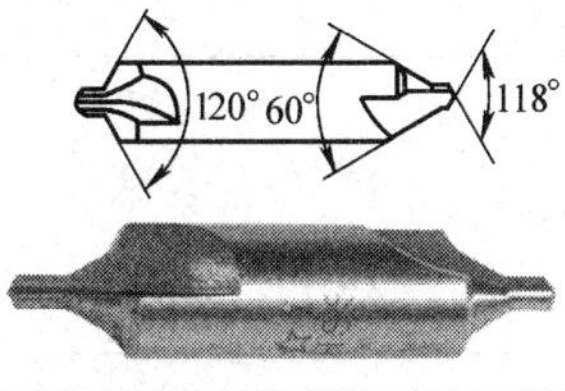
</td><td>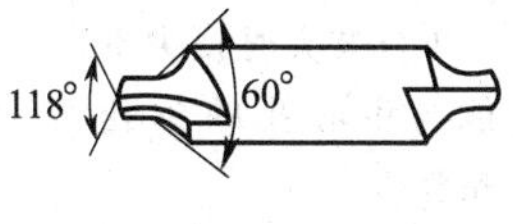
</td></tr>
<tr><td colspan="2">结构说明</td><td>由圆锥孔和圆柱孔两部分组成</td><td>在 A 型中心孔的端部再加工一个 120°的圆锥面，用以保护 60°锥面不致碰毛，并使工件端面容易加工</td><td>在 B 型中心孔的 60°锥孔后面加工一短圆柱孔（保证攻制螺纹时不碰毛 60°锥孔），后面还用丝锥攻制成内螺纹</td><td>形状与 A 型中心孔相似，只是将 A 型中心孔的 60°圆锥面改成圆弧面，这样使其与顶尖的配合变成线接触</td></tr>
<tr><td rowspan="2">结构及作用</td><td>圆锥孔</td><td colspan="3">圆锥孔的圆锥角一般为 60°，重型工件用 75°或 90°。它与顶尖锥面配合，起定心作用并承受工件重力和切削力，因此，圆锥孔的表面质量要求较高</td><td>线接触的圆弧面在工件装夹时，能自动纠正少量的位置偏差</td></tr>
<tr><td>圆柱孔</td><td colspan="4">中心孔的基本尺寸为圆柱孔的直径 d，它是选取中心钻的依据
圆柱孔可储存润滑脂，并能防止顶尖头部触及工件，保证顶尖锥面和中心孔锥面配合贴切，以达到正确定中心
圆柱孔直径 $d \leq 6.3$ mm 的中心孔常用高速钢制成的中心钻直接钻出，$d > 6.3$ mm 的中心孔常用锪孔或车孔等方法加工</td></tr>
</table>

(2) 钻中心孔的方法

1) 校正尾座中心

启动车床，使主轴带动工件回转。移动尾座，使中心钻接近工件端面，观察中心钻头部是否与工件回转中心一致，校正并紧固尾座。

2) 切削用量的选择和钻削

由于中心钻直径小，钻削时应取较高的转速（一般取 900～1 120 r/min），进给量应小而均匀（一般为 0.05～0.2 mm/r）。手摇尾座手轮时切勿用力过猛，当中心钻钻入工件后应及时加切削液冷却、润滑；中心孔钻好后，中心钻在孔中应稍做停留，然后退出，以修光中心孔，提高中心孔的形状精度和表面质量。

3) 钻中心孔时的质量分析

由于中心钻的直径较小，钻中心孔时极易出现各种问题，其产生原因见表 5—8。

表 5—8　钻中心孔时容易出现的问题以及产生原因

问题类别	产生原因
中心钻折断	1. 中心钻未对准工件回转中心 2. 工件端面未车平或中心处留有凸头，使中心钻偏斜，不能准确定心而折断 3. 切削用量选择不合适，转速太低、进给量过大 4. 磨钝后的中心钻强行钻入工件也易折断 5. 没有充分浇注切削液或没有及时清除切屑，也易因切屑堵塞而使中心钻折断
中心孔钻偏或钻得不圆	1. 工件弯曲未矫直，使中心孔与外圆产生偏差 2. 夹紧力不足，钻中心孔时工件移位，造成中心孔不圆 3. 工件伸出太长，回转时在离心力的作用下易造成中心孔不圆
工件装夹时顶尖不能与中心孔的锥孔贴合	中心孔钻得太深
装夹时顶尖尖端与中心孔底部接触	中心钻修磨后圆柱部分长度过短

4. 一夹一顶时顶尖类型

后顶尖有固定顶尖和回转顶尖两种。

(1) 固定顶尖

固定顶尖的特点是刚度好，定心准确；但顶尖与工件中心孔间为滑动摩擦，容易产生过多热量而将中心孔或顶尖“烧坏”，尤其是普通固定顶尖，如图 5—17a 所示，更容易出现这类问题。因此，固定顶尖只适用于低速加工精度要求较高的工件。目前，多使用镶硬质合金的固定顶尖，如图 5—17b 所示。

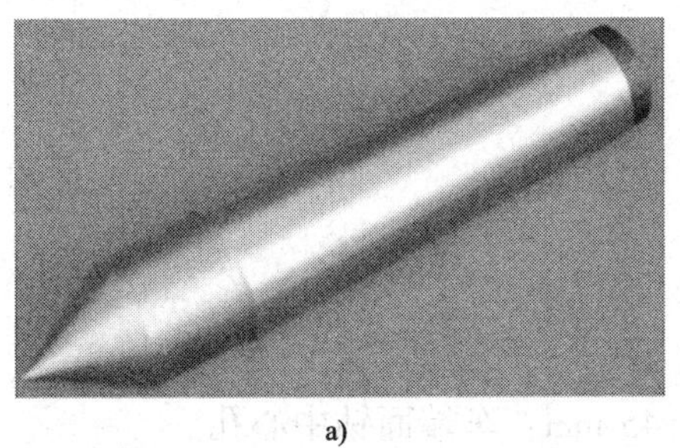

a)

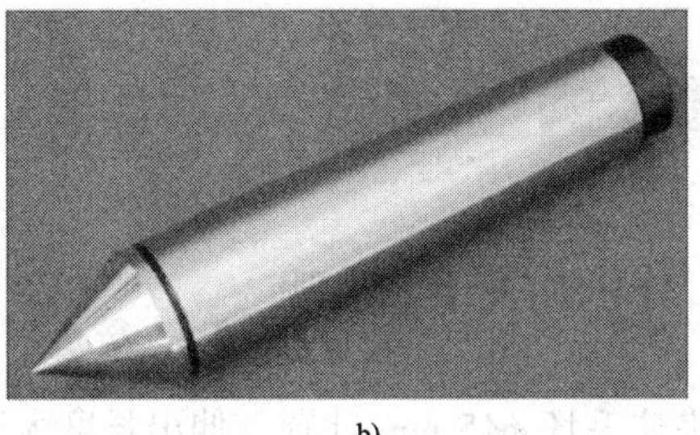

b)

图 5—17　固定顶尖

a）普通固定顶尖　b）镶硬质合金固定顶尖

（2）回转顶尖

如图 5—18 所示，回转顶尖可使顶尖与中心孔之间的滑动摩擦变成顶尖内部轴承的滚动摩擦，故能在很高的转速下正常工作，克服了固定顶尖的缺点，应用非常广泛。但是，由于回转顶尖存在一定的装配累积误差，且滚动轴承磨损后会使顶尖产生径向圆跳动，从而降低了定心精度。

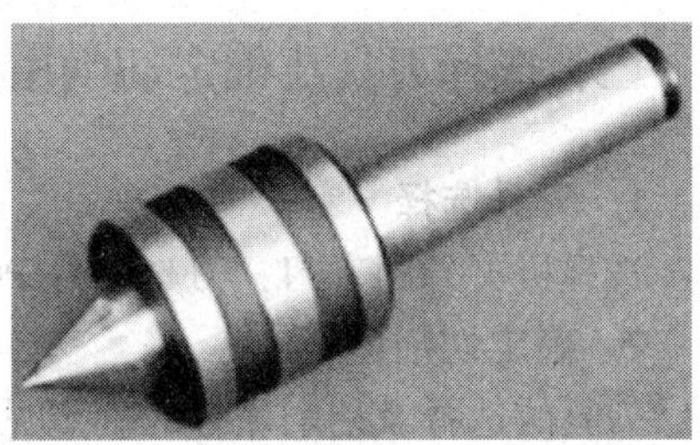

图 5—18　回转顶尖

工作任务

如图 5—19 所示，毛坯为 ϕ45 mm ×120 mm 的 45 钢，用 G00、G01、G04、M98、M99 等指令进行编程并加工该零件。

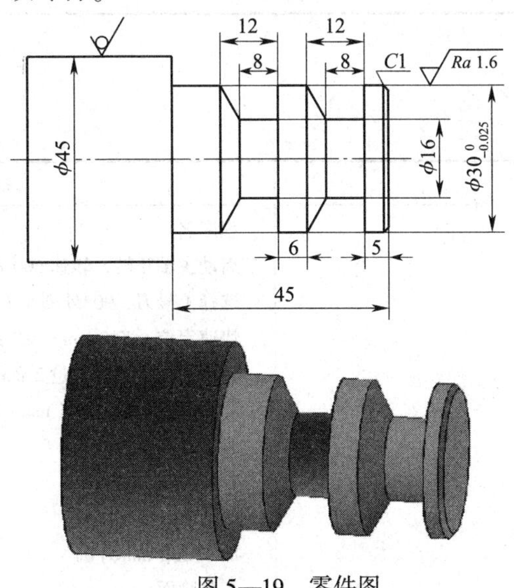

图 5—19　零件图

一、分析加工工艺步骤

1. 夹住毛坯 ϕ45 mm 外圆，伸出长度大于 45 mm：车端面钻中心孔。
2. 采用一夹一顶装夹：应用 G71 循环指令粗车外轮廓，留精加工余量 0.5 mm 。
3. 精车外轮廓至尺寸。
4. 更换车槽刀 T0202，调用子程序加工槽以及槽侧面。

二、选择刀具及确定切削用量

1. 刀具选择

选择机夹外圆车刀，刀具型号 PCLNR2020K12；机夹车槽刀，刀具型号 CFMR2020K04。

2. 确定切削用量

刀具的选择及切削用量的确定见表 5—9。

表 5—9　数控加工刀具及切削用量选择

刀具号	刀具规格名称	数量	加工内容	主轴转速/（r/min）	进给量/（mm/r）	备注
T0101	90°外圆车刀	1	粗车外轮廓	600	0.2	
			精车外轮廓	1 200	0.08	
T0202	车槽刀	1	车槽加工	500	0.1	

三、程序编制

程序	说明
O0003；	程序名
M03 S600；	启动主轴正转，转速 600 r/min
T0101；	选择 1 号刀，90°外圆车刀
G00 X46.0 Z2.0；	快速定位，*X*46 mm ，*Z*2 mm
G71 U2.0 R1.0；	循环指令，背吃刀量 2 mm ，*X* 轴退刀量 1 mm
G71P10 Q20 U0.5 W0.05 F0.2；	*X* 轴精加工余量 0.5 mm，*Z* 轴余量 0.05 mm
N10 G00 X28.0 S1200；	*X* 轴进刀
G01 Z0 F0.08；	*Z* 轴进刀
X30.0 Z－1.0；	倒角 *C*1
Z－45.0；	加工 ϕ30 mm 外圆
N20 X46.0；	车台阶面

续表

程序	说明
G00 X46.0 Z2.0;	快速定位，X46 mm，Z2 mm
G70 P10 Q20;	精加工
G00 X150.0 Z100.0;	远离工件
T0202;	换刀
G00 X32.0 Z-9.0;	快速定位，X32 mm，Z-9 mm
M98 P0004 L2;	调用子程序 O0004 两次
G00 X100.0;	X 向退刀
Z100.0;	Z 向退刀
M30;	程序结束并返回
O0004;	子程序名
G01 U-16.0 F0.1;	车槽直径 φ16 mm
G04 X2.0;	暂停延时 2 s
G00 U16.0;	X 轴退刀至 φ32 mm
W-4.0;	Z 向进刀 4 mm
G01 U-16.0 F0.1;	车槽直径 φ16 mm
G00 U16.0;	X 轴退刀至 φ32 mm
W-4.0;	Z 向进刀 4 mm
G01 U-2.0;	X 轴进刀直径 φ30 mm
U-14.0 W4.0;	车左侧斜面
G00 U16.0;	X 轴退刀 φ32 mm
W-14.0;	Z 轴退刀
M99;	子程序结束并返回主程序

如图 5—20 所示零件图样，用 FANUC 0i 系统数控车床加工该零件。

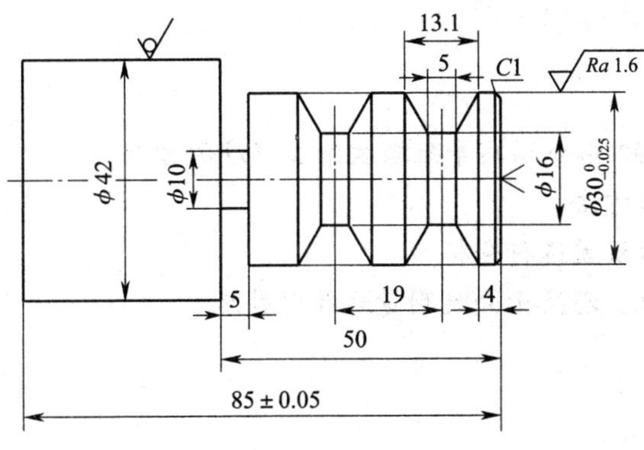

图 5—20　零件图

第六章

螺纹加工

在各种机电产品中，螺纹的应用十分广泛，如螺钉、螺母、螺杆、丝杠等。它主要用于连接各种机件，也可用来传递运动和载荷。螺纹的分类方法很多，按螺纹的牙型可分为三角形、梯形、锯齿形、圆形等；按螺纹的外廓形状可分为圆柱螺纹和圆锥螺纹；还可按配合性质、尺寸单位等进行分类。

如图 6—1 所示高精度螺纹轴零件，加工时需用数控车床加工螺纹，由数控系统控制螺距的大小和精度，效率高，且可保证螺纹的加工精度和表面质量。

图 6—1　螺纹轴套零件图

第一节　等距螺纹的加工

学习目标

1. 掌握用 G32、G92 指令编写等距螺纹加工程序的方法。
2. 掌握螺纹的加工方法。
3. 能对螺纹的加工误差进行分析。
4. 会使用螺纹塞规、螺纹千分尺测量螺纹的精度。

一、G32——单刀螺纹切削指令

1. 指令格式

G32 X（U）____Z（W）____F____；

说明：

X、Z：螺纹终点的绝对坐标值（U、W 表示增量值）。

F：长轴方向的导程。

2. 指令功能

能加工圆柱螺纹、圆锥螺纹和平面螺纹。如图 6—2 所示为 G32 指令加工圆柱螺纹的轨迹示意图，①→②为 G00 空刀快速进入，②→③加工螺纹，③→④退刀，④→①刀具返回。

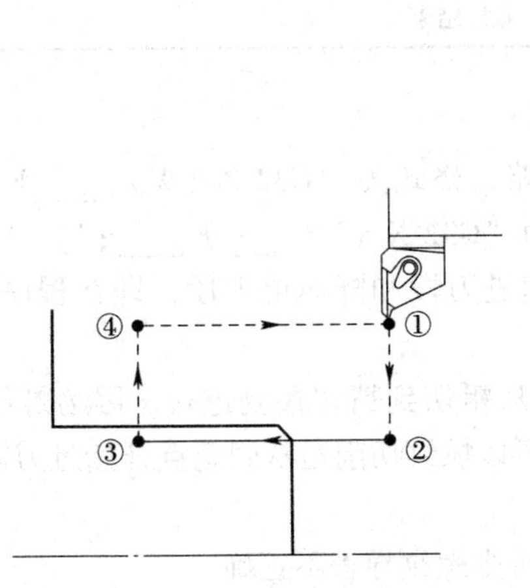

图 6—2 G32 轨迹示意图

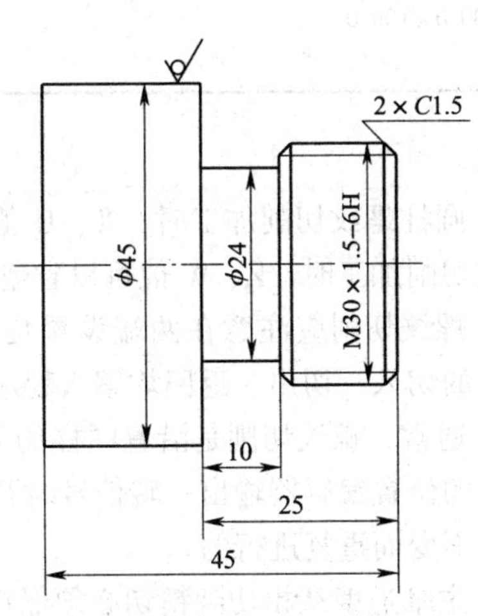

图 6—3 螺纹加工

3. 编程实例

如图 6—3 所示，运用 G32 指令编制图 6—3 所示螺纹的加工程序如下。

程序	说明
O0001；	
M03 S800；	启动主轴，转速 800 r/min
T0303；	选择 3 号刀（螺纹刀）
G00 X33.0 Z5.0；	快速定位至起点
X29.3；	第一次切入
G32 Z－20.0 F1.5；	螺纹车削

续表

程序	说明
G00 X33.0;	X 向退刀
Z5.0;	快速返回 Z 向起点
X28.7;	第二次切入
G32 Z-20.0 F1.5;	车削螺纹
G00 X33.0;	X 向退刀
Z5.0;	快速返回 Z 向起点
X28.4;	第三次切入
G32 Z-20.0 F1.5;	车削螺纹
G00 X33.0;	X 向退刀
Z5.0;	快速返回 Z 向起点
X28.05;	第四次切入
G32 Z-20.0 F1.5;	车削螺纹
G00 X33.0;	X 向退刀
Z5.0;	快速返回 Z 向起点
G00 X100.0 Z100.0;	退刀至安全点
M30;	程序结束

说明：

（1）圆柱螺纹切削加工时，X、U 值可以省略，格式为“G32 Z（W）____F ____;”。端面螺纹切削加工时，Z、W 值可以省略，格式为“G32 X（U）____F ____;”。

（2）螺纹切削应注意在两端设置足够的升速进刀段和降速退刀段，即在程序设计时，应将车刀的切入、切出、返回均编入程序中。

（3）通常，螺纹切削是沿着同样的刀具轨迹从粗切到精切重复进行。因为螺纹切削是在主轴上的位置编码器输出一转信号时开始的，所以螺纹切削是从固定点开始且刀具在工件上的轨迹不变而重复进行的。

（4）主轴速度从粗切到精切必须保持恒定，否则螺纹导程不正确。

二、G92——螺纹切削固定循环

1. 指令格式

G92 X（U）____Z（W）____R ____F ____;

说明：

X、Z：螺纹终点的绝对坐标值（U、W 表示增量值）。

R：起始端与终止端的半径差。

F：导程（单线螺纹的螺距等于导程）。

2. 指令功能

G92 是模态代码，该指令是用于切削内、外圆柱或圆锥螺纹的循环指令。

如图 6—4 所示，G92 螺纹循环可分为 4 步动作：动作 1 为快速进刀，动作 2 为螺纹切削，动作 3 为退刀，动作 4 为返回起点。其中，在动作 4 螺纹加工至终点之前有个 45°倒角，倒角距离在 0.1*P*～12.7*P*（*P* 为螺距）之间指定，指定单位为 0.1*P*，由参数 5130 号决定。

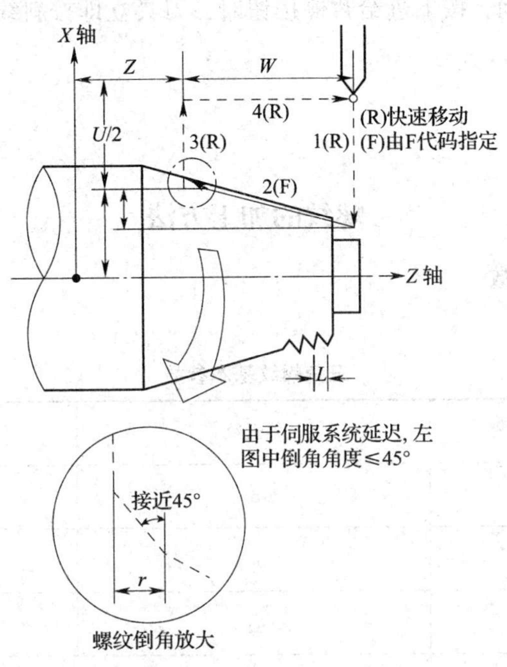

图 6—4 G92 循环轨迹示意图

在增量编程中，U 和 W 地址后的数值的符号取决于轨迹 1 和 2 的方向。也就是说，如果轨迹 1 的方向沿 *X* 轴是负的，U 值也是负的。螺距范围、主轴速度限制等都与 G32（螺纹切削）相同。螺纹倒角能在此螺纹切削循环中实现。在单程序段工作方式中，动作 1、2、3 和 4 的切削过程，必须一次次地按下循环启动按钮。

3. 编程实例

如图 6—3 所示，加工零件外螺纹，用 G92 指令编写螺纹加工的程序如下。

程序	说明
O0001;	程序名
M03 S800;	启动主轴，转速 800 r/min
T0303;	选择 3 号刀
G00 X33.0 Z2.0;	快速定位至起点
G92 X29.3 Z-20.0 F1.5;	螺纹车削第一刀
X28.7;	第二刀
X28.4;	第三刀
X28.05;	第四刀
G00 X100.0 Z100.0;	退刀至安全点
M30;	程序结束

说明：

（1）G92 指令中 R 为圆锥螺纹起点和终点的半径差，加工圆柱螺纹时为零，可省略。

（2）加工螺纹时，主轴转速不能变化，否则会产生乱牙。

（3）在螺纹切削期间，按下进给暂停按钮时，刀具立即按斜线回退，然后先回到 X 轴起点再回到 Z 轴起点。

螺纹的加工方法

1. 三角螺纹基本参数

基本参数见表 6—1。

表 6—1　　三角螺纹基本参数

基本参数	外螺纹	参数间关系
牙型角	α	$\alpha=60°$
螺纹大径	d	d（螺纹公称直径）
螺纹中径	d_2	$d_2=d-0.649P$（P 表示螺距）
牙型高度	h_1	$h_1=0.541P$（P 表示螺距）
螺纹小径	d_1	$d_1=d-1.082P$

2. 螺纹的进刀方式

螺纹切削一般有两种进刀方式，一种是直进法，如图 6—5a 所示；另一种是斜进法，如图 6—5b 所示。当螺纹牙型深度、螺距较大时，可循环多次进刀。切深的分配方法有常量式和递减式。

（1）加工螺纹时，每次车削只有 X 向进刀，螺纹车刀的左、右切削刃同时参与切削的方法称为直进法。直进法编程比较简单，可以获得比较正确的牙型，常用于螺距 $P<2$ mm 和脆性材料的螺纹加工。

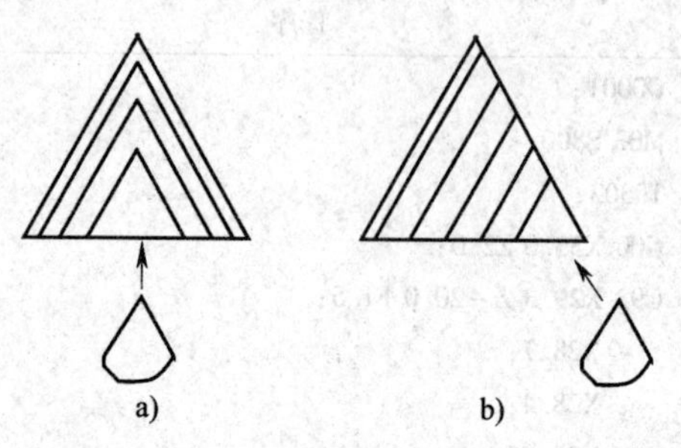

图 6—5　螺纹切削进刀方式

a）直进法　b）斜进法

（2）车削螺距较大的螺纹时，由于螺纹牙槽较深，为了粗车顺利，采用两轴同时进给的方法称为斜进法。

直进法车螺纹是两切削刃同时切削；斜进法车螺纹则是单刃切削，车削中不易扎刀，且可获得较小的表面粗糙度值。

3．螺纹车削的注意事项

(1) 一般切削螺纹时，从粗车到精车是按照同样的螺距进行的。当安装在主轴上的位置编码器检测出第一转信号后，便开始切削，因此，即使很多次切削，工件圆周上的切削起点仍保持不变。但是从粗车到精车，主轴的转速必须是一定的，当主轴转速变化时，螺纹切削会产生乱牙现象。

(2) 一般由于伺服系统的滞后，在螺纹切削的开始和结束部分，螺纹导程会出现不规则现象。为了考虑这部分的螺纹精度，在数控车床上切削螺纹时必须设置升速进刀段和降速退刀段。因此，加工螺纹的实际长度除了螺纹有效长度 *L* 外，还应该包括升速段和降速段的长度，其数值与工件的螺距和转速有关，由各系统设定，一般大于一个导程。

如图 6—6 所示，毛坯为 ϕ45 mm×75 mm 的 45 钢，用 G71、G92 等指令进行编程并加工该零件。

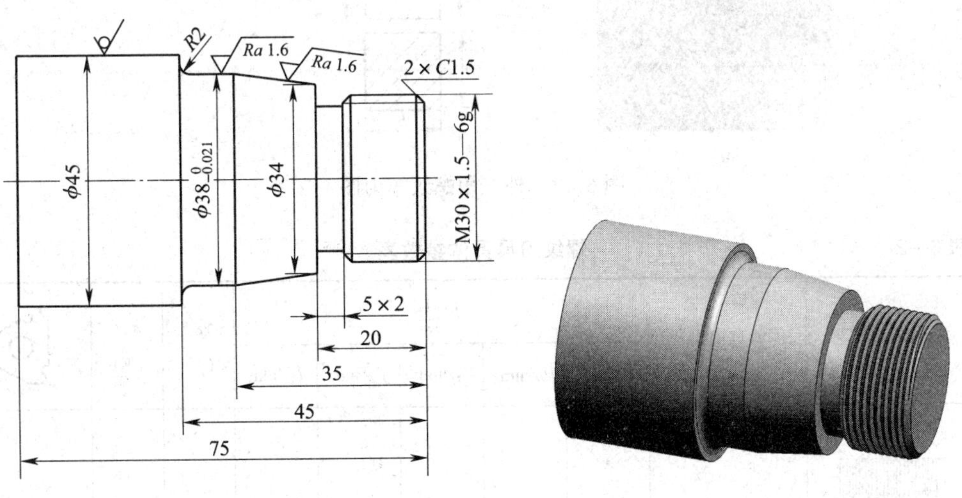

图 6—6 零件图

一、工艺分析

1．夹住毛坯 ϕ45 mm 外圆，伸出长度大于 50 mm：粗车 ϕ38 mm 外圆至 ϕ38. 5 mm →粗

车 $\phi30$ mm 外圆至 $\phi30.5$ mm →粗车锥面→精车外轮廓至尺寸。

2．换车槽刀加工退刀槽。

3．换外三角螺纹刀粗、精加工 M30×1.5—6 g 外螺纹至尺寸。

二、选择刀具及确定切削用量

1．刀具选择

选择机夹外三角螺纹车刀，刀具型号 CER2020K16QHD，如图 6—7 所示，具体参数见表 6—2。

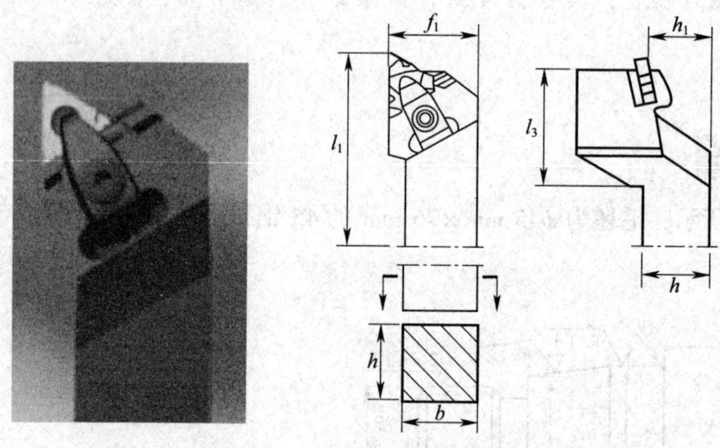

图 6—7　外三角螺纹车刀图

表 6—2　　　　螺纹刀具具体参数表

应用	刀具型号	尺寸					γ_0/(°)	λ_s/(°)	
		h/mm	b/mm	l_1/mm	f_1/mm	l_3/mm			
	CER 2020K16 QHD	20	20	120	32	37	0	0	16ER AG60 CP200

注：表中 γ_0 表示前角，λ_s 表示刃倾角。

2．确定切削用量

刀具的选择及切削用量的确定见表 6—3。

表 6—3 数控加工刀具及切削用量选择

刀具号	刀具规格名称	数量	加工内容	主轴转速/(r/min)	进给量/(mm/r)	备注
T0101	90°外圆车刀	1	粗车外轮廓	600	0.2	
			精车外轮廓	1 200	0.08	
T0202	4 mm 车槽刀	1	加工退刀槽	400	0.08	
T0303	60°螺纹车刀	1	加工螺纹	800	1.5	

三、程序编制

程序	说明
O0001;	
M03 S600;	启动主轴，转速 600 r/min
T0101;	选择 1 号刀具（90°外圆车刀）
G00 X46.0 Z2.0;	
G71 U2.0 R1.0;	设定 G71 粗加工参数
G71 P10 Q20 U0.5 W0.1 F0.2;	
N10 G00 X26.8 S1200;	精加工第一个程序段号
G01 Z0 F0.08;	
X29.8 Z-1.5;	
Z-20.0;	
X34.0;	
X38.0 Z-35.0;	
Z-43.0;	
G02 X42.0 Z-45.0 R2.0;	
N20 G01 X46.0;	精加工最后一个程序段号
G00 X100.0 Z100.0;	
M05;	
M00;	
M03 S1200;	启动主轴，转速 1 200 r/min
T0101;	
G00 X46.0 Z2.0;	
G70 P10 Q20;	外轮廓精加工
G00 X100.0 Z100.0;	快速退刀
M05;	
M00;	
M03 S400;	转速 400 r/min
T0202;	选择 2 号刀具（4 mm 车槽刀）
G00 X35.0 Z-20.0;	快速定位
G01 X26.0 F0.1;	切削退刀槽
G04 X1.0;	延时 1 s
G01 X31.0 F1.0;	径向退刀

续表

程序	说明
W2.5;	轴向定位
G01 X30 F0.1;	径向定位至倒角起点
X27 W-1.5;	倒角
G01 X26.0;	切槽
G04 X1.0;	槽底延时
G01 X35.0 F1.0;	径向退刀
G00 X100.0 Z100.0;	返回换刀点
S800;	主轴转速 800 r/min
T0303;	选择 3 号刀具（60°螺纹刀）
G00 X32.0 Z5.0;	快速定位
G92 X29.4 Z-18.0 F1.5;	应用固定螺纹循环车削三角螺纹
X28.9;	
X28.5;	
X28.2;	
X28.05;	
G00 X100.0 Z100.0;	快速退刀
M30;	程序结束

数控车床加工螺纹时经常遇到的加工误差有多种，其问题现象、产生原因、预防和消除措施见表 6—4。

表 6—4　　螺纹加工误差分析

问题现象	产生原因	预防和消除措施
螺纹尺寸超差	1. 刀具角度不准确 2. 切削用量选择不当产生让刀 3. 程序错误 4. 工件尺寸计算错误	1. 调整或重新设定刀具参数 2. 合理选择切削用量 3. 检查、修改程序 4. 正确计算工件尺寸
螺纹表面质量差	1. 切削速度太低 2. 安装刀具高于中心 3. 切屑缠绕工件表面 4. 刀具磨损 5. 切削液选择不合理	1. 选择较高的主轴转速 2. 调整刀具高度 3. 选择合理的进刀方式和切深 4. 及时更换刀具或刀片 5. 正确选择切削液
加工时扎刀致工件报废	1. 进给量过大 2. 工件安装不合理 3. 刀具三面刃同时切削	1. 降低进给速度 2. 检查工件安装，增加刚度 3. 检查刀具角度是否干涉，及时修正

如图 6—8 所示零件图样，用 FANUC 0i 系统数控车床加工该零件。

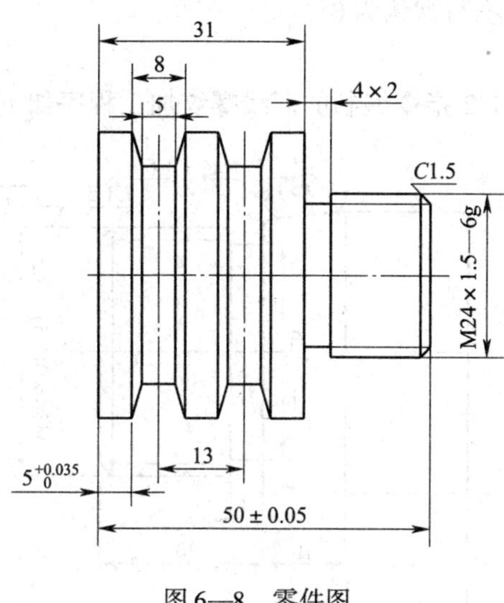

图 6—8　零件图

第二节　多线螺纹的加工

1. 掌握应用 G32、G92 指令编写多线螺纹加工程序的方法。
2. 掌握多线螺纹的加工方法。

由一条螺旋线形成的螺纹叫单线螺纹，由两条或两条以上的轴向等距分布的螺旋线所形成的螺纹叫多线螺纹。多线螺纹每旋转一周时，能移动几倍的螺距，它多用于快速机构中。

在数控车床上加工多线螺纹也是常用的加工方法之一，数控车床加工多线螺纹能很大程度提高加工精度和生产效率。

一、G32——单刀螺纹切削指令

1. 指令格式

G32　X（U）____Z（W）____F____Q____；

说明：

X、Z：螺纹终点的绝对坐标值（U、W 表示增量值）。

F：长轴方向的导程。

Q：起始角（单位为 0.001°，该值取值范围在 0 ~ 360 000 之间，后面不可加小数点）。该值不具备模态功能，如果不写默认为 0°。

2. 编程实例

如图 6—9 所示，运用 G32 指令编制的双线螺纹加工程序如下。

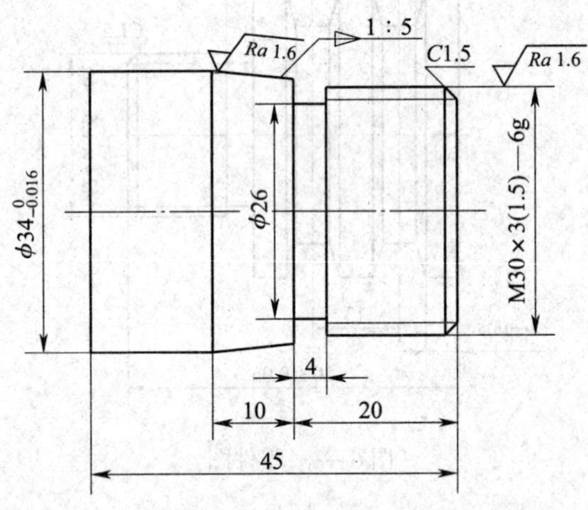

图 6—9　螺纹加工零件图

程序	说明
O0001；	程序名
M03 S800；	启动主轴，转速 800 r/min
T0303；	选择 3 号刀（螺纹刀）
G00 X33.0 Z5.0；	快速定位至起点
X29.3；	第一条线第一刀切入
G32 Z－20.0 F1.5 Q0；	车削螺纹
G00 X33.0；	X 向退刀
Z5.0；	快速返回 Z 向起点
X28.7；	第一条线第二刀切入
G32 Z－20.0 F1.5 Q0；	车削螺纹
G00 X33.0；	X 向退刀
Z5.0；	快速返回 Z 向起点
X28.4；	第一条线第三刀切入
G32 Z－20.0 F1.5 Q0；	车削螺纹
G00 X33.0；	X 向退刀
Z5.0；	快速返回 Z 向起点
X28.05；	第一条线第四刀切入

续表

程序	说明
G32 Z-20.0 F1.5 Q0;	车削螺纹
G00 X33.0;	X 向退刀
Z5.0;	快速返回 Z 向起点
G00 X33.0 Z5.0;	快速定位至起点
X29.3;	第二条线第一刀切入
G32 Z-20.0 F1.5 Q180000;	车削螺纹
G00 X33.0;	X 向退刀
Z5.0;	快速返回 Z 向起点
X28.7;	第二条线第二刀切入
G32 Z-20.0 F1.5 Q180000;	车削螺纹
G00 X33.0;	X 向退刀
Z5.0;	快速返回 Z 向起点
X28.4;	第二条线第三刀切入
G32 Z-20.0 F1.5 Q180000;	车削螺纹
G00 X33.0;	X 向退刀
Z5.0;	快速返回 Z 向起点
X28.05;	第二条线第四刀切入
G32 Z-20.0 F1.5 Q180000;	车削螺纹
G00 X33.0;	X 向退刀
Z5.0;	快速返回 Z 向起点
G00 X100.0 Z100.0;	退刀至安全点
M30;	程序结束

二、G92——螺纹切削固定循环

1. 指令格式

G92 X（U）____Z（W）____F____Q____;

说明：

X、Z：螺纹终点的绝对坐标值（U、W 表示增量值）。

F：长轴方向的导程。

Q：起始角（单位为 0.001°，该值取值范围在 0～360 000 之间，后面不可加小数点）。该值不具备模态功能，如果不写默认为 0°。

2. 编程实例

用 G92 编程加工双线螺纹时，主要原理是通过改变螺纹加工起点，使 Z 向偏移一个螺距再次加工，从而实现双线螺纹加工。

如图 6—9 所示，用 G92 指令编程如下。

程序	说明
O0001；	
M03 S800；	启动主轴，转速 800 r/min
T0303；	选择 3 号刀
G00 X33.0 Z5.0；	快速定位至起点 Z5 mm
G92 X29.4 Z－20.0 F3.0；	螺纹车削第一刀
X28.8；	第二刀
X28.4；	第三刀
X28.05；	第四刀
G00 X33.0 Z3.5；	快速定位至起点 Z3.5 mm，相对第一条线偏移一个螺距
G92 X29.4 Z－20 F3.0；	螺纹车削第一刀
X28.8；	第二刀
X28.4；	第三刀
X28.05；	第四刀
G00 X100.0 Z100.0；	退刀至安全点
M30；	程序结束

多线螺纹的加工方法

1. 多线螺纹的一般技术要求

加工多线螺纹时，应保证同一条螺旋线中相邻两牙之间距离为一个导程，两条螺旋线的背吃刀量要一致。

2. 多线螺纹车刀的装夹

螺纹车刀的刀尖应与工件轴线等高，两切削刃夹角的平分线应垂直于工件轴线，装夹时用螺纹对刀样板校正，以免产生螺纹半角误差。

3. 多线螺纹车削注意事项

（1）车削第二条螺旋线时，定位点应偏移一个螺距。

（2）螺纹的配合以中径定心，因此，加工螺纹时必须保证中径尺寸公差。

（3）螺纹的牙型角要正确。

如图 6—10 所示，毛坯为 $\phi45$ mm ×75 mm 的 45 钢，用 G71、G92 等指令进行编程并加工该零件。

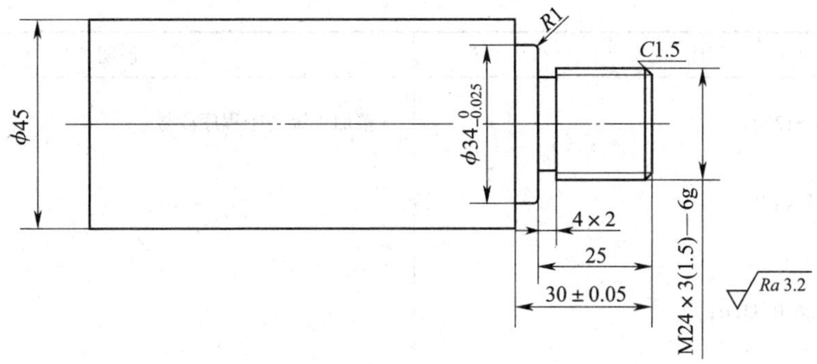

图 6—10　零件图

一、工艺分析

1. 夹住毛坯 $\phi45$ mm 外圆，伸出长度大于 40 mm：粗车 $\phi34$ mm 外圆至 $\phi34.5$ mm→粗车 $\phi24$ mm 外圆至 $\phi24.5$ mm→精车外轮廓至尺寸。

2. 换 4 mm 车槽刀加工退刀槽。

3. 换外三角螺纹刀粗、精加工 M24×3（1.5）—6 g 外螺纹至尺寸。

二、选择刀具及确定切削用量

1. 刀具选择

刀具选择与第六章第一节相同，此处省略。

2. 确定切削用量

刀具的选择及切削用量的确定参见表 6—3。

三、程序编制

程序	说明
O0001;	程序名
M03 S600;	启动主轴，转速 600 r/min
T0101;	选择 1 号刀具（90°外圆车刀）
G00 X46.0 Z2.0;	定位至起点
G71 U2.0 R1.0;	设定 G71 粗加工参数
G71 P10 Q20 U0.5 W0.1 F0.2;	

续表

程序	说明
N10 G00 X20.8 S1200;	精加工第一个程序段号
G01 Z0 F0.08;	
X23.8 Z-1.5;	
Z-25.0;	
X32.0;	
G03 X34.0 Z-26.0 R1.0;	
Z-30.0;	
N20 G01 X46.0;	精加工最后一个程序段号
G00 X100.0 Z100.0;	退刀
M05;	主轴停止
M00;	程序暂停
M03 S1200;	启动主轴，转速 1 200 r/min
T0101;	更新刀补
G00 X46.0 Z2.0;	定位至起点
G70 P10 Q20;	外轮廓精加工
G00 X100.0 Z100.0;	快速退刀
M05;	
M00;	
M03 S400;	转速 400 r/min
T0202;	选择 2 号刀具（4 mm 车槽刀）
G00 X28.0 Z-25.0;	快速定位
G01 X20.0 F0.1;	切削退刀槽
G04 X1.0;	暂停 1 s
G01 X28.0 F1.0;	退刀
G00 X100.0 Z100.0;	回换刀点
M03 S800;	启动主轴，转速 800 r/min
T0303;	选择 3 号刀
G00 X27.0 Z5.0;	快速定位至起点
G92 X29.4 Z-23.0 F3.0;	螺纹车削第一刀
X28.8;	螺纹车削第二刀
X28.4;	螺纹车削第三刀
X28.05;	螺纹车削第四刀
G00 X27.0 Z3.5;	快速定位至起点
G92 X29.4 Z-23 F3.0;	螺纹车削第一刀
X28.8;	螺纹车削第二刀
X28.4;	螺纹车削第三刀
X28.05;	螺纹车削第四刀
G00 X100.0 Z100.0;	退刀至安全点
M30;	程序结束

思考与练习

如图 6—11 所示零件图样，用 FANUC 0i 系统数控车床加工该零件。

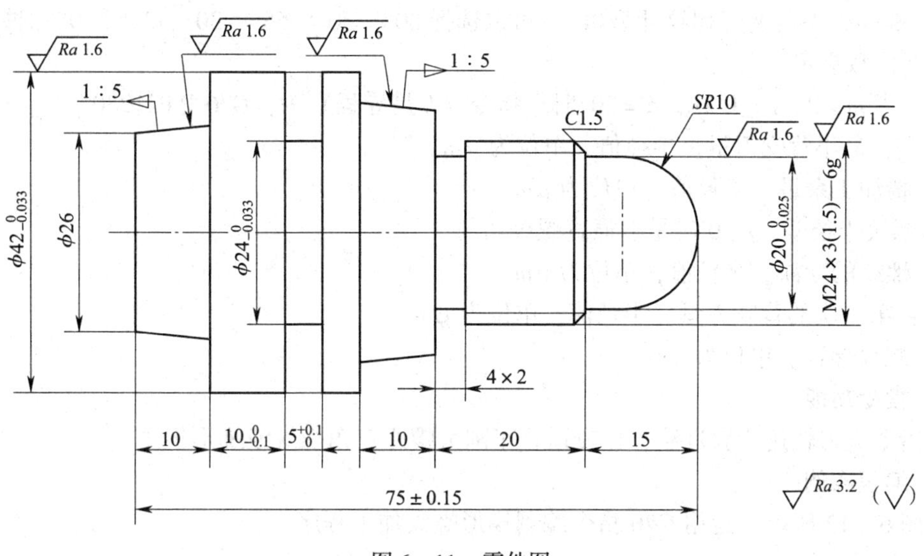

图 6—11　零件图

第三节　梯形螺纹的加工

学习目标

1. 掌握 G76 指令的应用。
2. 能应用子程序编程加工梯形螺纹。
3. 能正确选择梯形螺纹车刀并合理选择切削参数。
4. 能正确测量梯形螺纹尺寸要素。

相关理论

一、G76——梯形螺纹切削指令

1. 指令格式

G76　P(m)(r)(α) Q Δd_{min} R(d)；

G76　X(U)____Z(W)____R_i_P_k_Q_Δd_F_L_；

说明：

m：精加工重复次数，可以是 1 ~99。

r：倒角量（斜向退刀）。当螺距用 L 表示时，可以从（0.01 ~9.9）L 范围中设定，单位为 0.1L（两位数 00 ~99）。

α：螺纹刀尖角度（螺纹牙型角）。可以选择 80°、60°、55°、30°、29°和 0°六种中的一种，由两位数规定。

例　当 $m=2$，$r=1.2L$，$\alpha=30°$时，指令（L 是导程）为：G76 P 021230

Δd_{min}：最小背吃刀量。半径值，单位为 μm。

d：精加工余量。半径值，单位为 μm。

i：螺纹半径差。$i=0$ 时是普通直螺纹切削。

k：螺纹的牙深。半径值，单位为 μm。

Δd：第一次的背吃刀量。半径值，单位为 μm。

L：螺纹导程。单位为 mm。

2. 指令功能

该指令进刀轨迹为斜进法，比较适合车削大螺距三角螺纹或梯形螺纹。

3. 编程实例

如图 6—12 所示，运用 G76 指令编制梯形螺纹加工程序。

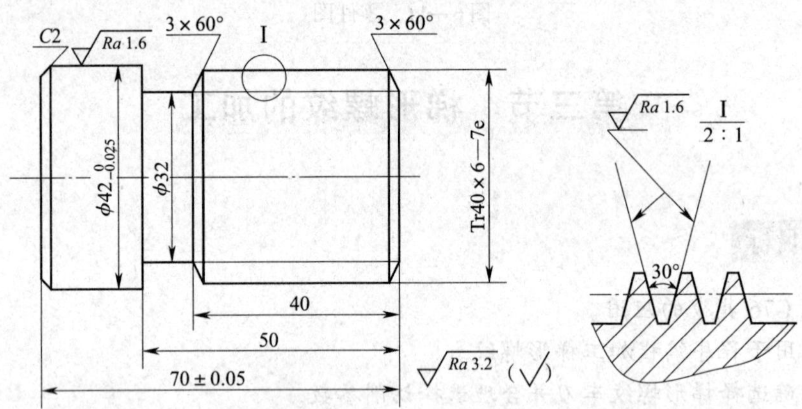

图 6—12　梯形螺纹零件图

其中：精加工次数为2，斜向退刀量取10 mm，实际退刀量为一个导程，刀尖角为30°，最小切深取0.02 mm，精加工余量0.1 mm，螺纹半径差为0，牙型高度计算为3.5 mm，第一次切深为0.7 mm，螺距为6 mm，螺纹小径为33.0 mm。程序如下。

程序	说明
O0001;	
M03 S400;	启动主轴，转速400r/min
T0303;	选择3号刀
G00 X50.0 Z12.0;	快速定位至起点
G76 P021030 Q20 R100;	多重复合螺纹循环
G76 X33.0 Z-46.0 P3500 Q700 F6.0;	
G00 X100.0 Z100.0;	退刀至安全点
M30;	程序结束

二、运用子程序加工梯形螺纹

如图6—12所示螺纹加工，也可用左右切削法，可调用子程序重复进刀切削，程序如下。

程序	说明
O0001;	主程序
M03 S400;	启动主轴，转速400 r/min
T0303;	选择3号刀
G00 X40.0 Z6.0;	快速定位至起点
M98 P0002 L35;	调用O0002子程序
G00 X100.0 Z100.0;	退刀至安全点
M30;	程序结束
O0002;	子程序名
G00 Z6.0;	
M98 P0003 L01;	调用O0003号子程序
G00 Z5.5;	偏移、左右借刀
M98 P0003 L01;	调用O0003号子程序
M99;	子程序结束
O0003;	子程序名
G00 U-0.2;	进刀

续表

程序	说明
G32 Z－45.0 F6.0；	螺纹切削
G00 U10.0；	退刀
Z6.0；	
U－10.0；	
M99；	子程序结束

梯形螺纹的加工方法

1．梯形螺纹的一般技术要求

梯形螺纹主要用做传动，要求精度高，表面粗糙值小，车削梯形螺纹比车削三角螺纹困难。梯形螺纹的一般技术要求如下：

（1）螺纹的中径必须与基准轴颈同轴，其大径尺寸应小于基本尺寸。

（2）梯形螺纹的配合以中径定心，因此，加工梯形螺纹时必须保证中径尺寸公差。

（3）梯形螺纹的牙型角要正确。

2．加工梯形螺纹轴类零件的装夹要求

车削梯形螺纹时，由于切削力较大。工件一般采用一夹一顶方式装夹。轴向应采用限位台阶或限位支撑固定工件的轴向位置，以防止车削过程中工件轴向窜动或位移而造成乱牙或撞坏车刀。

3．梯形螺纹车刀的装夹

螺纹车刀的刀尖应与工件轴线等高，两切削刃夹角的平分线应垂直于工件轴线，装夹时用梯形螺纹对刀样板校正，以免产生螺纹半角误差。

4．梯形螺纹车削注意事项

（1）加工梯形螺纹时应采用左右借刀法加工，避免刀具三刃口同时切削，产生扎刀现象。

（2）螺纹的牙型角要正确，螺纹牙型两侧面的表面粗糙值要小。

（3）螺纹加工过程中，应注意不得改变转速，否则会乱牙。

如图 6—13 所示，毛坯为 ϕ70 mm ×100 mm 的 45 钢，用 G76 等指令进行编程并加工该零件。

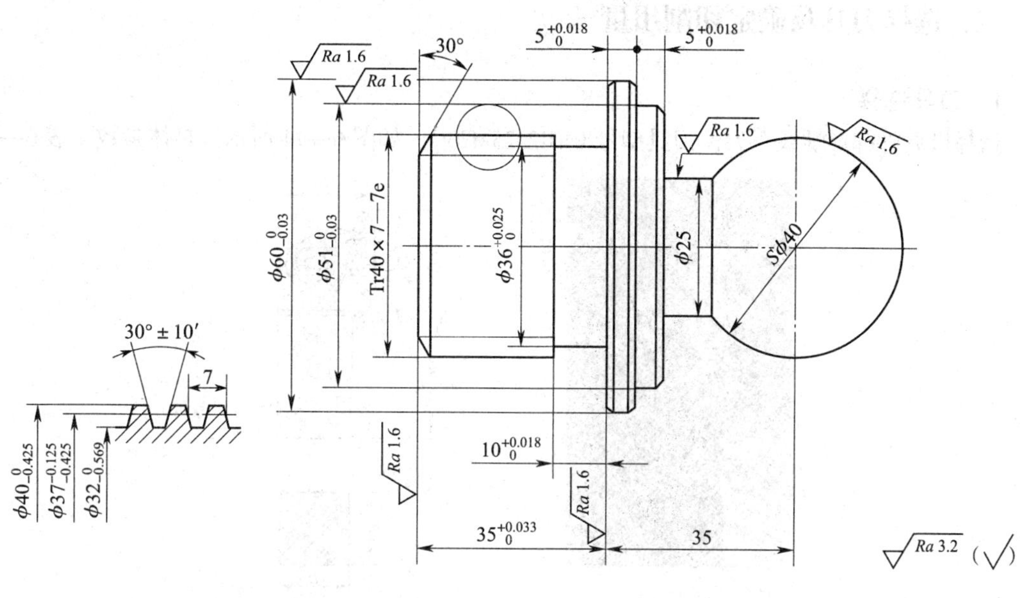

技术要求

1. 未标注倒角按C1加工；

2. 不允许使用锉刀、砂纸修饰加工表面。

图 6—13 零件图

任务实施

一、工艺分析

1. 夹住已车出的工艺外圆，伸出长度大于 40 mm：粗车 ϕ40 mm 外圆至 ϕ40. 5 mm →粗车 ϕ60 mm 外圆至 ϕ60. 5 mm →精车外轮廓至尺寸。

2. 换 4 mm 车槽刀加工退刀槽。

3. 换外梯形螺纹刀粗、精加工 Tr40 ×7—7e 外螺纹至尺寸。

4. 掉头装夹，校正工件，取总长。

5. 车右端外轮廓。

二、选择刀具及确定切削用量

1. 刀具选择

选择机夹外梯形螺纹车刀，刀具型号 CER2525M20Q，如图 6—14 所示，具体参数见表 6—5。

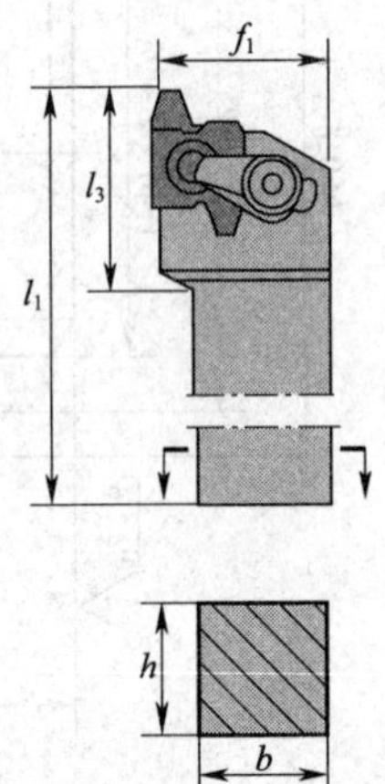

图 6—14　外梯形螺纹车刀图

表 6—5　**梯形螺纹刀具参数表**

应用	刀具型号	尺寸					γ_o/(°)	λ_s/(°)	
		h/mm	b/mm	l_1/mm	f_1/mm	l_3/mm			
	CER－2525M20Q	25	25	150	32	37	0	0	27ER6. 0TR CP500

注：表中 γ_o 表示前角，λ_s 表示刃倾角。

2. 确定切削用量

刀具的选择及切削用量的确定见表 6—6。

表 6—6　**数控加工刀具及切削用量选择**

刀具号	刀具规格名称	数量	加工内容	主轴转速/(r/min)	进给量/(mm/r)	备注
T0101	90°外圆车刀	1	粗车外轮廓	600	0. 2	
			精车外轮廓	1 200	0. 08	
T0202	4 mm 车槽刀	1	加工退刀槽	400	0. 08	
T0303	30°梯形螺纹车刀	1	加工螺纹	400	6	

二、程序编制

梯形螺纹加工部分程序如下。

程序	说明
O0001;	程序名
M03 S400;	主轴正转，转速 400 r/min
T0303;	选择 3 号 30°梯形螺纹刀
M08;	
G00 X45.0 Z10.0;	
G76 P021030 Q20 R100;	复合螺纹循环指令
G76 X32.0 Z-30.0 P3500 Q700 F7.0;	
G00 X100.0 Z100.0;	快速退刀
M30;	程序结束

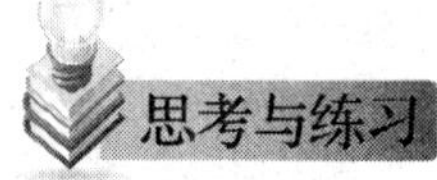

如图 6—15 所示零件图样，用 FANUC 0i 系统数控车床加工该零件。

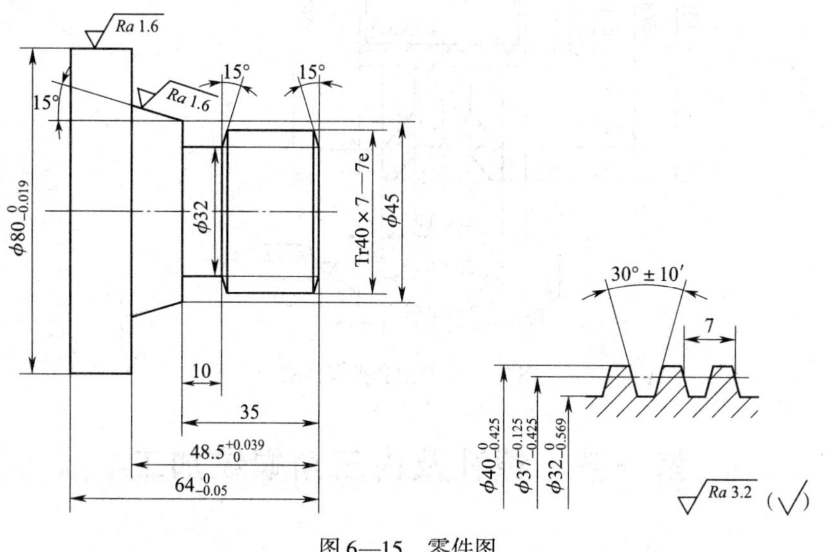

图 6—15 零件图

第七章

内轮廓加工

数控车床经常用于如图 7—1 所示套类零件的加工，通过钻、铰、镗、扩等加工出不同精度的工件，其加工方法简单，加工精度也比普通机床要高。本章主要从镗孔、内沟槽和内三角螺纹等要素介绍套类零件的加工特点、工艺安排及程序的编制。

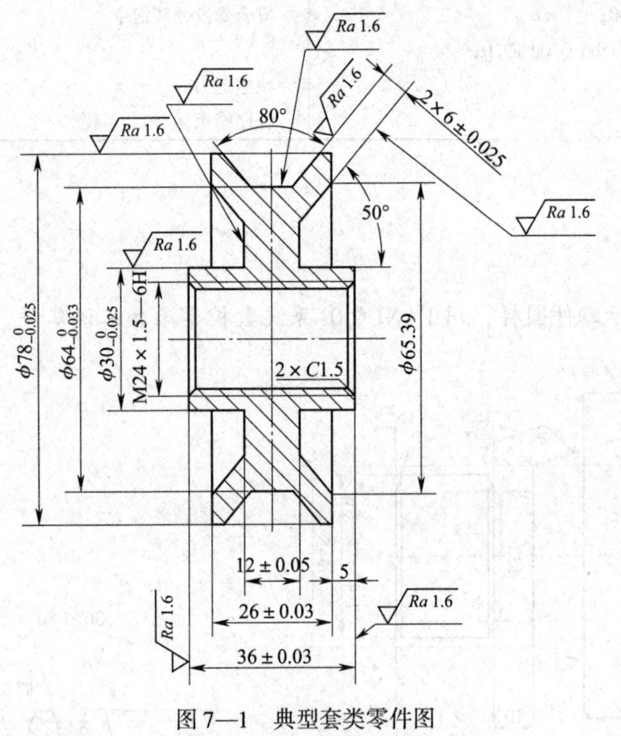

图 7—1 典型套类零件图

第一节 镗孔及内三角螺纹加工

学习目标

1. 掌握 G71、G70 指令在内轮廓加工中的应用。
2. 掌握 G74 指令在钻孔中的应用。
3. 掌握 G92、G76 指令在内螺纹加工中的应用方法。

4. 能准确测量孔的精度。

5. 能合理进行内轮廓加工的误差分析。

相关理论

一、内孔加工

1. 基本指令介绍

（1）G71——内孔粗车复合循环

指令格式：

G71 U（Δd） R（e）；

G71 P（ns） Q（nf） U（Δu） W（Δw） F（f）；

说明：G71 的切削方式可以是外圆，也可以是内孔，其方式决定于Δu 的正负号。Δu 表示精加工余量和方向。如果该值是负值，说明余量是留在负方向的，因此镗孔时 Δu 取负值。

（2）G70——精车循环

指令格式：

G70 P（ns） Q（nf）；

（3）G74——深孔钻削循环

当遇到深孔加工时，如果采用一次钻削将会降低刀具的寿命，降低工件的加工精度，因此宜采用深孔钻削循环。

1）指令格式

G74 R（e） ____；

G74 X（U） ____ Z（W） ____ P（Δi） Q（Δk） R（Δd） F（f）；

2）指令说明

e：回退量。该值为模态值。

X：最大切深点的 X 轴坐标，通常不指定。

Z：最大切深点的 Z 轴坐标。

Δi：X 向的进给量（不带符号），通常不指定。

Δk：每次加工深度（不带符号）。

Δd：刀具在切削底部的退刀量，通常不指定。

F：进给速度或进给量。

加工如图 7—2 所示的深孔，用深孔钻削循环加工格式，其中 $e=1$ mm，$\Delta k=20$ mm，$F=0.1$ mm/r，程序如下。

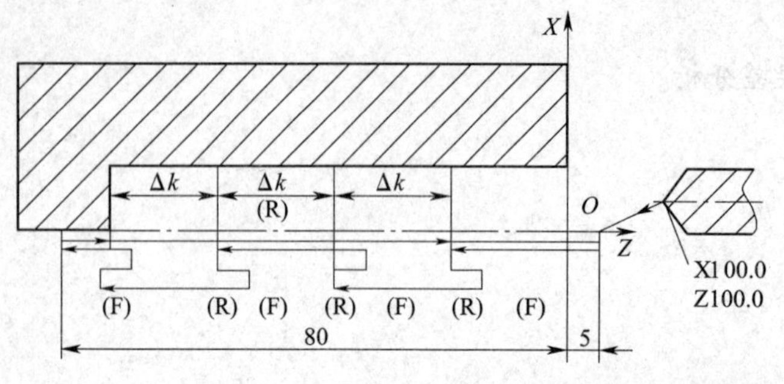

图 7—2　深孔钻削循环加工

程序	说明
O0001；	
M03 S100 T0202；	主轴正转，选 2 号刀及 2 号刀补
G00 X100.0 Z100.0 M08；	快速定刀
G00 X0 Z2.0；	快速移到循环起刀点
G74 R1.0；	回退量 1 mm
G74 Z－80.0 Q20.0 F0.1；	钻孔，深 80 mm，每次钻 20 mm，进给量 0.1 mm/r
G00 X100.0 Z100.0 M09；	快速退刀
M30；	程序结束并返回程序开始

2. 孔加工刀具

孔加工刀具按其用途可分为两大类：

(1) 钻头

钻头主要用于在实心材料上钻孔（有时也用于扩孔）。根据钻头构造及用途不同，可分为麻花钻、扁钻及深孔钻等。

钻孔的尺寸精度一般可达 IT10～IT11，表面粗糙度值可达 Ra12.5～50 μm。麻花钻是钻孔最常用的刀具，钻头一般由高速钢制成。由于高速切削的发展，镶硬质合金的钻头也得到了广泛应用。对于精度要求不高的孔，可用麻花钻直接钻出；对于精度要求较高的孔，钻孔后还要再经过车削或扩孔、铰孔才能完成，在选用麻花钻时应留出下道工序的加工余量。选用麻花钻长度时，一般应使麻花钻螺旋槽部分略长于孔深；麻花钻过长则刚度差，麻花钻过短则排屑困难，也不宜钻穿孔。

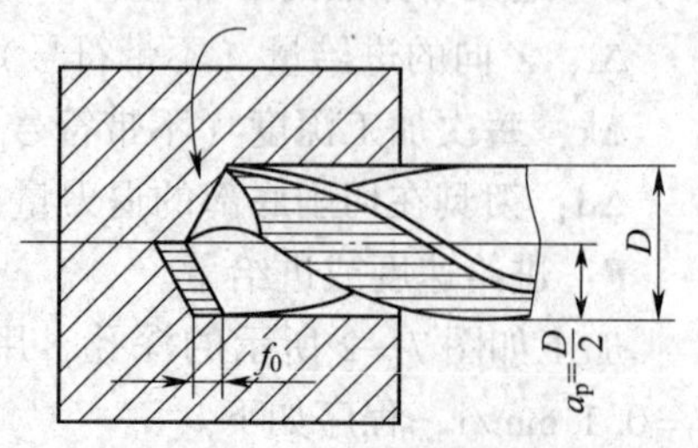

图 7—3　钻孔时的背吃刀量

钻削时的切削用量：

1）背吃刀量（a_p）。钻孔时的背吃刀量是钻头直径的 1/2，如图 7—3 所示。

2）切削速度（v_c）。钻孔时的切削速度是指麻花钻主切削刃外缘处的切削速度。

$$v_c = \frac{\pi D n}{1\ 000}$$

式中 v_c——切削速度，m/min；

D——钻头的直径，mm；

n——主轴转速，r/min。

用高速钢麻花钻钻钢料时，切削速度一般选 $v_c = 15 \sim 30$ m/min；钻铸铁时 $v_c = 10 \sim 25$ m/min。

3）进给量（f）。在车床上钻孔时，工件转1周，钻头沿轴向移动的距离为进给量。用手慢慢转动尾座手轮来实现进给运动，进给量太大会使钻头折断，选 $f = (0.01 \sim 0.02)\ d$，钻铸铁时进给量略大些。

（2）对已有孔进行再加工的刀具

如扩孔钻、镗刀及铰刀等。

1）扩孔钻用于将现有孔扩大，一般精度可达IT9～IT10，表面粗糙度值可达 $Ra3.2 \sim 12.5\ \mu m$，通常作为孔的半精加工刀具。

2）镗刀用来扩孔及用于孔的粗、精加工。镗刀能修正钻孔、扩孔等工序所造成的孔轴线歪曲、偏斜等缺陷，故特别适用于要求孔距很精确的孔系加工。镗刀可加工不同直径的孔。

根据结构特点及使用方式，镗刀可分为单刃镗刀、多刃镗刀和浮动镗刀等。为了保证镗孔时的加工质量，镗刀应满足下列要求：

①镗刀和镗刀杆要有足够的刚度。

②镗刀在镗刀杆上既要夹持牢固，又要装卸方便，便于调整。

③要有可靠的断屑和排屑措施。

3）铰刀用于中小型孔的半精加工和精加工，也常用于磨孔或研孔的预加工。铰刀的齿数多、导向性好、刚度好、加工余量小、工作平稳，一般加工精度可达IT7级，表面粗糙度值可达 $Ra0.8\ \mu m$。

3. 编程实例

（1）如图7—4所示圆柱孔的加工，运用G71、G70指令编写加工程序。

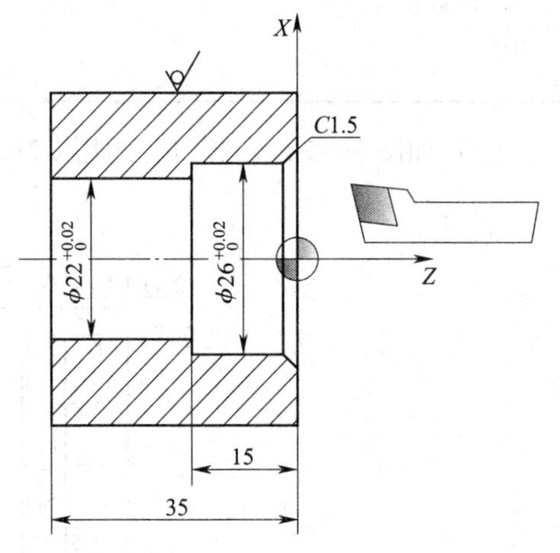

图7—4 镗圆柱孔零件

程序如下：

程序	说明
O0001;	程序名
M03 S500;	启动主轴，转速500 r/min
T0101;	选择1号刀

续表

程序	说明
G00 X20. 0 Z2. 0；	快速定位
G71 U1. 5 R1. 0；	粗加工循环参数设置
G71 P10 Q20 U－0. 5 W0. 1 F0. 2；	
N10 G00 X29. 0；	内轮廓程序
G01 Z0 F0. 1；	
X26. 0 Z－1. 5；	
Z－15. 0；	
X22. 0；	
Z－35. 0；	
N20 X20. 0；	
G00 Z200. 0；	Z 轴退刀
X200. 0；	X 轴退刀
M05；	主轴停止
M00；	程序暂停
M03 S900；	启动主轴，转速 900 r/min
T0101；	选择 1 号刀
G00 X20. 0 Z2. 0；	快速定位
G70 P10 Q20；	精加工内轮廓
G00 Z200. 0；	退刀至安全点
X200. 0；	
M30；	程序结束

（2）如图 7—5 所示零件，运用 G71、G70 指令编写内轮廓的加工程序。

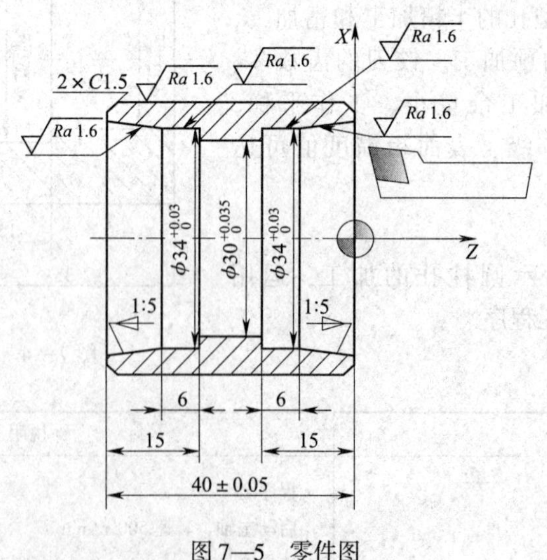

图 7—5 零件图

程序如下：

程序	说明
O0002；	程序名（右端）
M03 S500；	启动主轴，转速 500 r/min
T0101；	选择 1 号刀
G00 X20.0 Z2.0；	快速定位
G71 U1.5 R1.0；	粗加工循环参数设置
G71 P10 Q20 U-0.5 W0.1 F0.2；	
N10 G00 X35.8；	
G01 Z0 F0.1；	
X34.0 Z-9.0；	
Z-15.0；	
X30.0；	
Z-25.0；	
N20 X20.0；	
G00 Z200.0；	*Z* 轴退刀
X200.0；	*X* 轴退刀
M05；	主轴停止
M00；	程序暂停
M03 S900；	启动主轴，转速 900 r/min
T0101；	选择 1 号刀
G00 X20.0 Z2.0；	快速定位
G70 P10 Q20；	精加工内轮廓
G00 Z200.0；	退刀至安全点
X200.0；	
M30；	程序结束
O0003；	程序名（左端）
M03 S500；	启动主轴，转速 500 r/min
T0101；	选择 1 号刀
G00 X20.0 Z2.0；	快速定位
G71 U1.5 R1.0；	粗加工循环参数设置
G71 P10 Q20 U-0.5 W0.1 F0.2；	
N10 G00 X35.8；	
G41 G01 Z0 F0.1；	
X34 Z-9.0；	
Z-15.0；	
N20 G40 G01 X20.0；	
G00 Z200.0；	*Z* 轴退刀
X200.0；	*X* 轴退刀
M05；	主轴停止
M00；	程序暂停
M03 S900；	启动主轴，转速 900 r/min
T0101；	选择 1 号刀

续表

程序	说明
G00 X20.0 Z2.0； G70 P10 Q20； G00 Z200.0； X200.0； M30；	快速定位 精加工内轮廓 退刀至安全点 程序结束

二、内三角螺纹加工

1. 加工工艺知识

（1）刀具选择与进刀方式

在数控车床上车削普通三角螺纹一般选用精密级机夹可转位不重磨螺纹车刀，使用时要根据螺纹的螺距选择刀片的型号。

螺纹加工的进刀方式主要有直进法和斜进法两种。当螺纹牙型深度较浅、螺距较小时，可以采用直进法直接加工。当螺纹牙型深度较深、螺距较大时，可分数次切削进给，一般采用斜切法加工，避免扎刀现象。切深的分配方式有常量式和递减式两种。

（2）切削用量与切削液的选择

1）切削用量的选择。在螺纹加工中，背吃刀量 a_p 等于螺纹车刀切入工件表面的深度，如果其他刀刃同时参与切削，应为各刀刃切入深度之和。由此可以看出，随着螺纹车刀的每次切入，背吃刀量在逐渐地增加。

2）切削液的选择。螺纹加工多为粗、精加工同时完成，要求精度较高，因此，选用合适的切削液能够进一步提高加工质量，对于一些特殊材料的加工尤为重要。

（3）注意事项

一般切削螺纹时，从粗车到精车是按照同样的螺距进行的。当安装在主轴上的位置编码器检测出第一转信号后，便开始切削，因此，即使多次切削，工件圆周上的切削起点仍保持不变。但是从粗车到精车，主轴的转速必须是一定的，当主轴速度变化时，螺纹切削会出现乱牙现象。

多线螺纹的导程一般较大，为避免伺服系统的滞后效应对螺距精度的影响，螺纹的升降速度段应取较大的值，主轴的转速也不宜太高，防止主轴编码器出现过冲现象。

螺纹刀的螺旋升角也要选择合理，避免刀具后角与工件发生干涉。

2. 编程实例

（1）如图 7—6 所示，运用 G92 指令采用直进法加工内三角螺纹。

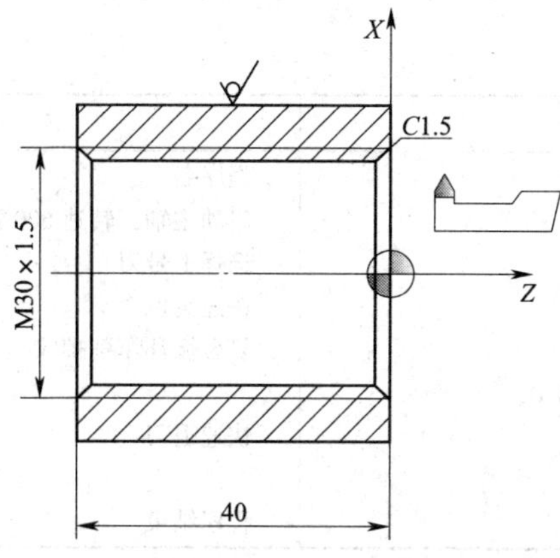

图 7—6 直进法内三角螺纹加工

程序如下：

程序	说明
O0001；	程序名
M03 S600；	启动主轴，转速 600 r/min
T0101；	选择 1 号刀
G00 X25.0 Z5.0；	快速定位
G92 X28.8 Z－42.0 F1.5；	螺纹车削第一刀
X29.1；	第二刀
X29.4；	第三刀
X29.7；	第四刀
X30.0；	第五刀
G00 Z200.0；	快速退刀
X200.0；	
M30；	程序结束

（2）如图 7—7 所示，运用 G76 指令加工内三角螺纹。

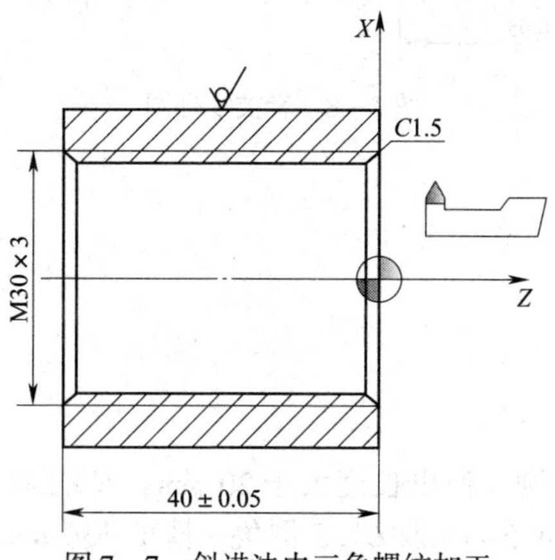

图 7—7 斜进法内三角螺纹加工

程序如下：

程序	说明
O0001；	程序名
M03 S600；	启动主轴，转速 600 r/min
T0101；	选择 1 号刀
G00 X25.0 Z5.0；	快速定位
G76 P020560 Q20 R100；	复合循环车削螺纹
G76 X30.0 Z-42.0 P1500 Q300 F3.0；	
G00 Z200.0；	快速退刀
X200.0；	
M30；	程序结束

工作任务

如图 7—8 所示，毛坯为 $\phi45$ mm×45 mm 的 45 钢，用 FANUC 0i 系统编程并加工该零件。

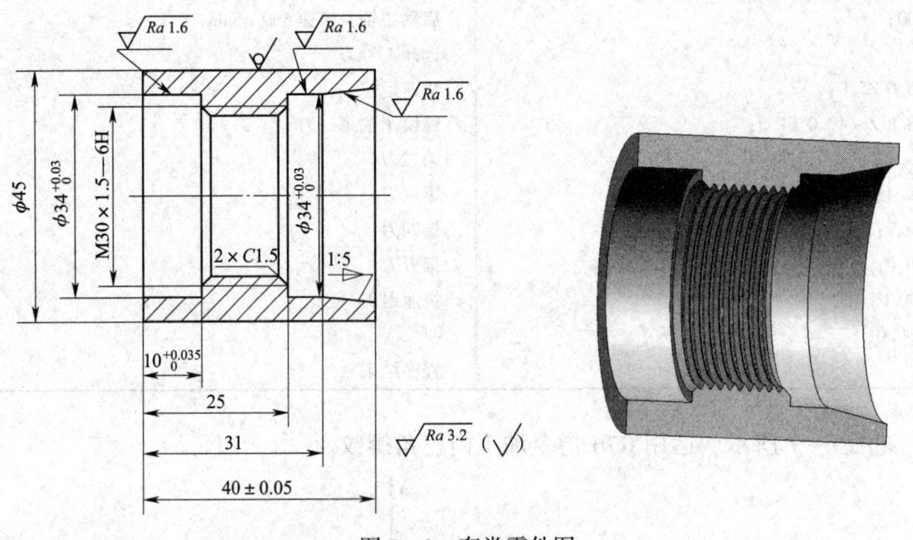

图 7—8　套类零件图

任务实施

一、工艺分析

1. 夹住毛坯 $\phi45$ mm 外圆，伸出长度大于 20 mm：车端面→钻孔，长度大于 45 mm→粗车右端 $\phi34$ mm 内孔至 $\phi34.5$ mm 及 C1.5 倒角→精车 $\phi34$ mm 内孔至尺寸要求。

2. 掉头夹住毛坯 $\phi45$ mm 外圆，伸出长度大于 20 mm：车端面并控制总长→粗车左端

ϕ34 mm 内孔、内螺纹底孔以及锥度并且留有相应的余量→精车至图样中尺寸要求。

二、选择刀具及确定切削用量

1. 刀具选择

选择机夹内孔车刀和内三角螺纹车刀，刀具型号分别为 S16R－PCLNR09 和 SNR－0016M16，如图 7—9 和图 7—10 所示，具体参数见表 7—1。

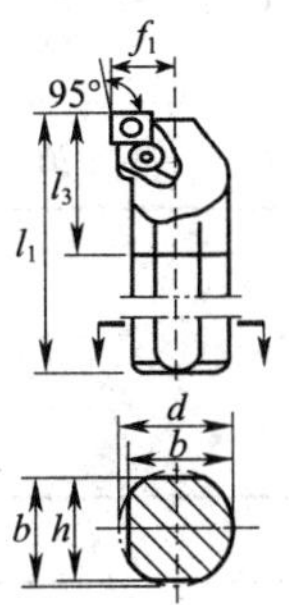

图 7—9　镗孔车刀

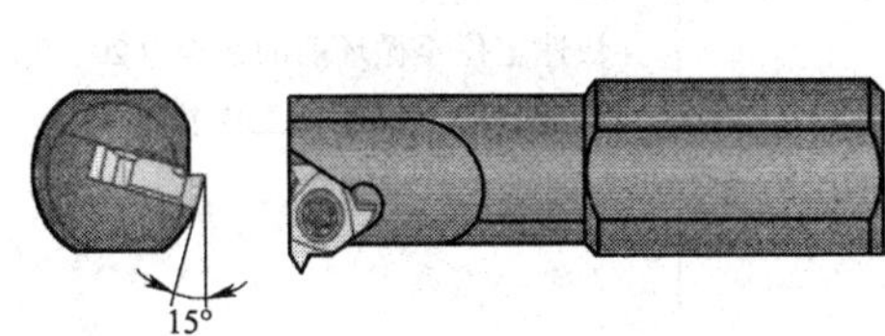

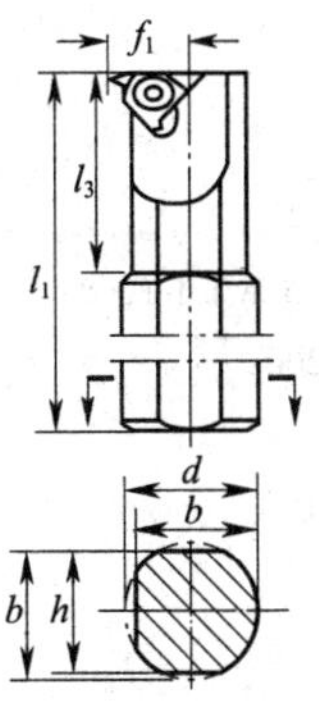

图 7—10　内三角螺纹车刀

d——刀杆直径

表 7—1　　刀具参数表

应用	刀具型号	尺寸					γ_o/	λ_s/	
		h/mm	b/mm	l_1/mm	f_1/mm	l_3/mm	(°)	(°)	
	S16R－PCLNR09	14	15	200	13	50	－6	－12	CCMT 160404 TN60
	SNR－0016M16	14	15	150	10	40	19	16	16IR AG60 CP300

注：表中 γ_o 表示前角，λ_s 表示刃倾角。

2. 确定切削用量

刀具的选择及切削用量的确定见表 7—2。

表 7—2　　数控加工刀具及切削用量选择

刀具号	刀具规格名称	数量	加工内容	主轴转速/（r/min）	进给量/（mm/r）	备注
T0101	95°内孔车刀	1	粗车内轮廓	600	0.2	
			精车内轮廓	1 200	0.08	
T0202	内三角螺纹车刀	1	粗、精车内三角螺纹	700	1.5	

三、程序编制

程序	说明
O0001;	右端内轮廓
M03 S600;	启动主轴，转速 600 r/min
T0101;	选择 1 号刀
G00 X20.0 Z2.0;	快速定位至循环前的起点（20，2）
G71 U1.5 R1.0;	应用 G71 循环粗加工内轮廓
G71 P10 Q20 U-0.5 W0.1 F0.2;	
N10 G00 X35.8 S1200;	
G01 Z0 F0.08;	
X34.0 Z-9.0;	
Z-15.0;	
X30.1;	
X28.6 Z-16.5;	
N20 X20.0;	
G70 P10 Q20;	精加工内轮廓
G00 Z150.0;	
X200.0;	退刀
M30;	程序结束并返回
O0002;	掉头（左端内轮廓）
M03 S600;	启动主轴，转速 600 r/min
T0101;	选择 1 号刀
G00 X20.0 Z2.0;	快速定位至循环前的起点（20，2）
G71 U1.5 R1.0;	应用 G71 循环粗加工内轮廓
G71 P10 Q20 U-0.5 W0.1 F0.2;	
N10 G00 X35.0 S1200;	
G01 Z0 F0.08;	

续表

程序	说明
X34.0 Z-0.5;	
Z-10.0;	
X30.1;	
X28.6 Z-16.5;	
Z-25.0;	
N20 X20.0;	
G70 P10 Q20;	精加工内轮廓
G00 Z150.0;	退刀至安全位置
X200.0;	
M05;	主轴停止
M00;	程序暂停
M03 S700;	启动主轴，转速 700 r/min
T0202;	选择 2 号刀
G00 X25.0 Z2.0;	快速定位至螺纹加工起点（25，2）
G92 X29.0 Z-28.0 F1.5;	螺纹循环加工第一刀
X29.3;	螺纹循环加工第二刀
X29.6;	螺纹循环加工第三刀
X30.0;	螺纹循环加工第四刀
G00 Z150.0;	
X200.0;	退刀
M30;	程序结束

知识链接

数控车床加工内轮廓时经常遇到的加工误差有多种，其问题现象、产生原因、预防和消除措施见表 7—3。

表 7—3　　内轮廓加工误差分析

问题现象	产生原因	预防和消除措施
工件内孔尺寸超差	1. 刀具参数不准确 2. 切削用量选择不当产生让刀 3. 程序错误 4. 工件尺寸计算错误	1. 调整或重新设定刀具参数 2. 合理选择切削用量 3. 检查、修改程序 4. 正确计算工件尺寸
内孔表面质量差	1. 切削速度太低 2. 安装刀具高于中心 3. 切屑缠绕工件表面 4. 刀具磨损 5. 切削液选择不合理	1. 选择较高的主轴转速 2. 调整刀具中心高度 3. 选择合理的进刀方式和切深 4. 及时更换刀具或刀片 5. 正确选择切削液

续表

问题现象	产生原因	预防和消除措施
台阶处不清角	1. 程序错误 2. 刀具选择错误 3. 刀具损坏	1. 检查、修改程序 2. 正确选择加工刀具 3. 更换刀片
加工时扎刀致工件报废	1. 进给量过大 2. 切屑阻塞 3. 工件安装不合理 4. 刀具角度选择不合理	1. 降低进给速度 2. 采用断屑、退屑方式切入 3. 检查工件安装，增加刚度 4. 正确选择刀具角度
台阶端面出现倾斜	1. 程序错误 2. 车刀安装不正确	1. 检查、修改程序 2. 正确安装刀具
工件圆度超差或产生锥度	1. 车床主轴间隙过大 2. 程序错误	1. 调整车床主轴间隙 2. 检查、修改程序

思考与练习

如图 7—11 所示零件图样，用 FANUC 0i 系统数控车床加工该零件中 M24×1.5—6H 的螺纹。

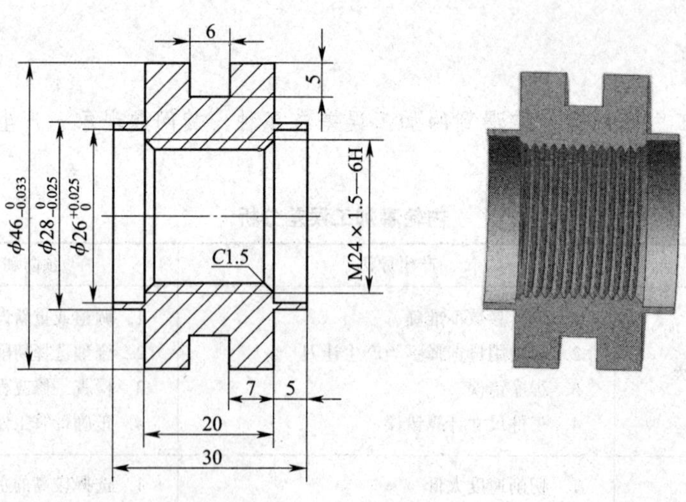

图 7—11　零件图

第二节　内沟槽车削加工

学习目标

1. 能根据图样合理选择内沟槽加工刀具。
2. 能对内沟槽的径向和轴向尺寸进行测量。
3. 能合理进行内沟槽加工的误差分析。

相关理论

机械零件由于工作情况和结构工艺性的需要，有各种断面形状的内沟槽，常见的有退刀槽、密封槽、轴向定位槽、储油槽、油气通道槽等。

内沟槽的切削方法与外车槽方法相似，对于宽度比较小的内沟槽，可以将内沟槽刀具宽度磨成与槽宽相等用直进法一次车削完成。对于宽度较大的内沟槽则采用排刀法分多次完成。内沟槽加工有一定难度，主要原因是刀具刚度差，切削条件差。但一般内沟槽的加工精度和表面质量要求不高，所以编程难度较小。影响内沟槽加工精度的主要因素是刀具的选用。

宽度较小和精度要求不高的内沟槽，可以用主切削刃宽度等于槽宽的内沟槽刀，采用直进法一次车出，如图 7—12 所示。

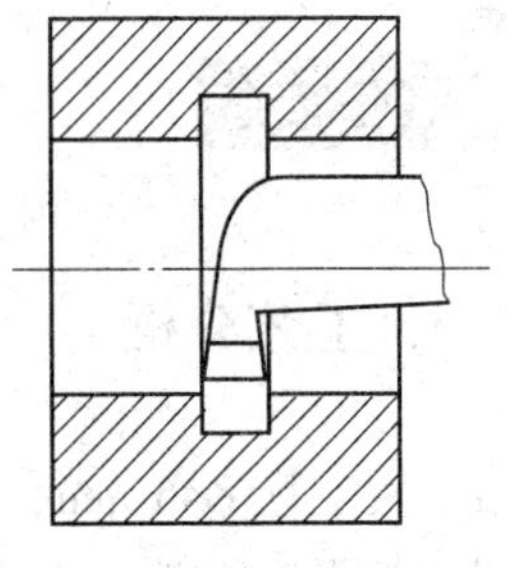

图 7—12　直进法车内沟槽

精度要求较高或较宽的内沟槽，可采用直进法分几次车出。粗车时，槽侧和槽底应留精车余量，然后根据槽宽、槽深要求进行精车，如图 7—13 所示。

深度浅、宽度大的内沟槽，可采用特殊角度的镗孔刀先车出内凹槽，如图 7—14 所示，再用内沟槽刀车出两侧面。

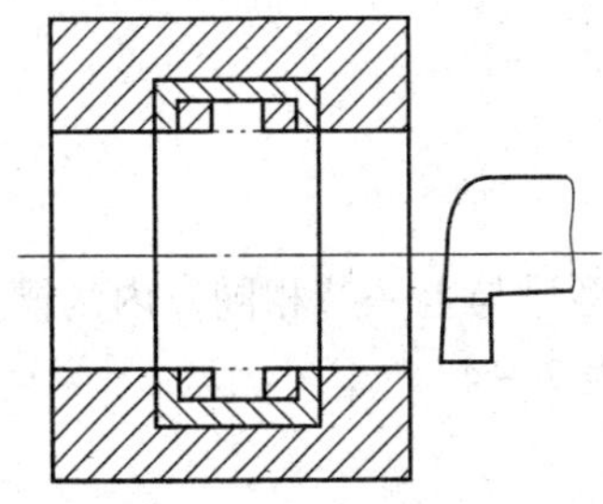

图 7—13　多次直进法车宽内沟槽

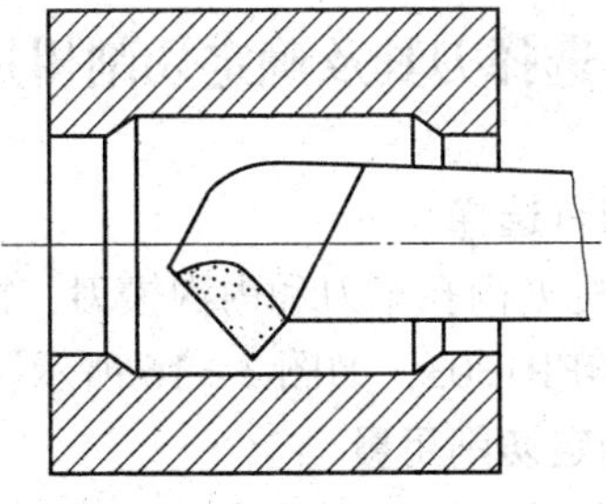

图 7—14　纵向进给车宽内沟槽

如图 7—15 所示，毛坯为 $\phi45$ mm × 45 mm 的 45 钢，用 FANUC 0i 系统编程并加工该零件。

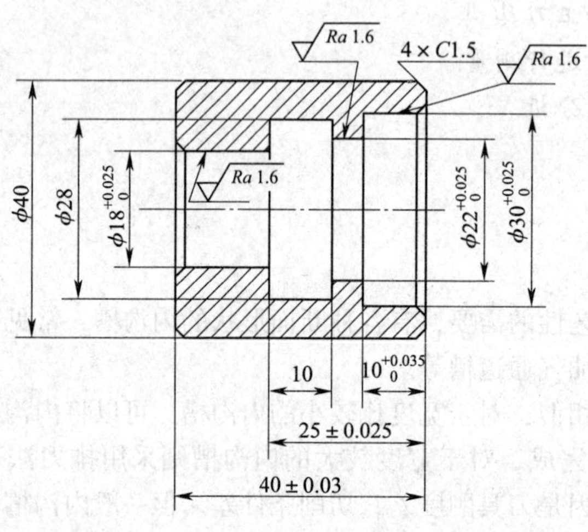

图 7—15　零件图

一、工艺分析

1. 夹毛坯 $\phi45$ mm，伸出长度 30 mm：加工 $\phi40$ mm 外圆，粗、精镗孔。
2. 加工内沟槽。
3. 掉头夹 $\phi40$ mm 外圆，校正：孔口倒角，$\phi40$ mm 外圆加工至接刀处。

二、选择刀具及确定切削用量

1. 刀具选择

选择机夹内孔车刀和内沟槽刀，机夹内孔车刀型号与上一节相同。内沟槽刀刀具型号为 A16Q－CGER1303，如图 7—16 所示，具体参数见表 7—4。

2. 确定切削用量

刀具的选择及切削用量的确定见表 7—5。

 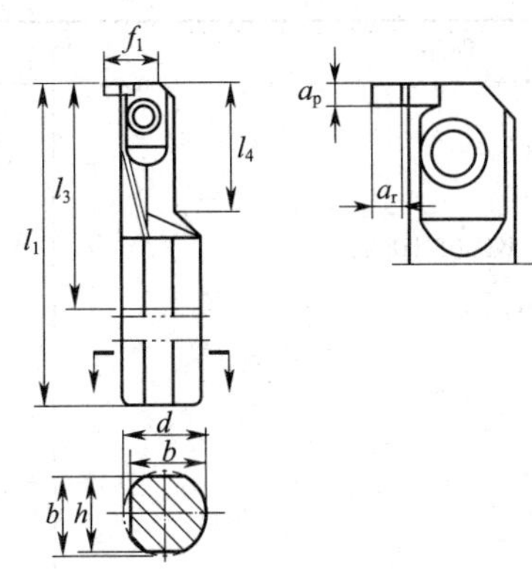

图 7—16　内沟槽刀

表 7—4　　　　刀具参数表

应用	刀具型号	尺寸					f_1/mm	a_r/mm	d/mm	
		h/mm	b/mm	l_1/mm	l_3/mm	l_4/mm				
	A16Q - CGER 1303	15	15.5	180	40	25	10.2	3	16	LCMF 13030 - 0300 - MC CP600

表 7—5　　　　数控加工刀具及切削用量选择

刀具号	刀具规格名称	数量	加工内容	主轴转速/（r/min）	进给量/（mm/r）	备注
T0101	95°内孔车刀	1	粗车内轮廓	600	0.2	
			精车内轮廓	1 200	0.1	
T0202	内沟槽刀	1	内沟槽	600	0.05	

三、程序编制

程序	说明
O0002;	程序名（仅内孔和内沟槽加工）
M03 S600;	启动主轴，转速 600 r/min
T0101;	选择 1 号刀

续表

程序	说明
G00 X17.0 Z2.0；	快速定位至循环前的起点（17，2）
G71 U1.0 R0.5；	应用 G71 加工内轮廓
G71 P10 Q20 U－0.3 W0.05 F0.2；	
N10 G00 X33.0 S1200；	
G01 G41 Z0 F0.1；	
G01 X30.0 Z－1.5；	
Z－10.0；	
X22.0；	
Z－25.0；	
X18.0；	
Z－41.0；	
N20 G40 G01 X17.0；	
G70 P10 Q20；	精加工内孔
G00 Z100.0 X100.0；	
T0202 S600；	换 2 号内沟槽刀，刀宽 3 mm
G00 X17.0 Z5.0；	
Z－25.0；	
G75 R1.0；	应用 G75 循环加工内沟槽
G75 X28.0 W7.0 P2000 Q2500 F0.05；	
G00 Z100.0；	退刀
X100.0；	
M30；	程序结束

知识链接

数控车床加工内沟槽时经常遇到的加工误差有多种，其问题现象、产生原因、预防和消除措施见表 7—6。

表 7—6　　内沟槽加工误差分析

问题现象	产生原因	预防和消除措施
槽的宽度不正确	1. 刀具参数不准确 2. 程序错误	1. 调整或重新设定刀具参数 2. 检查、修改程序
槽的位置不正确	1. 程序错误 2. 测量错误	1. 检查、修改程序 2. 正确测量

续表

问题现象	产生原因	预防和消除措施
槽的深度不正确	1. 程序错误 2. 测量错误	1. 检查、修改程序 2. 正确测量
槽的侧面呈现凸凹面	1. 刀具安装角度不对称 2. 刀具两刀尖磨损不对称	1. 更换刀片 2. 正确安装刀具
槽底出现振动，留有振纹	1. 工件装夹不合理 2. 刀具安装不合理 3. 切削参数设置不合理 4. 程序延时太长	1. 正确装夹工件，保证刚度 2. 调整刀具安装位置 3. 降低切削速度和合理选择f 4. 缩短程序延时时间
车槽过程中出现扎刀现象，造成刀具断裂	1. 进给量f过大 2. 切屑阻塞	1. 降低进给量f 2. 采用断屑、退屑方式切入

思考与练习

如图 7—17 所示零件图样，用 FANUC 0i 系统数控车床加工该零件。

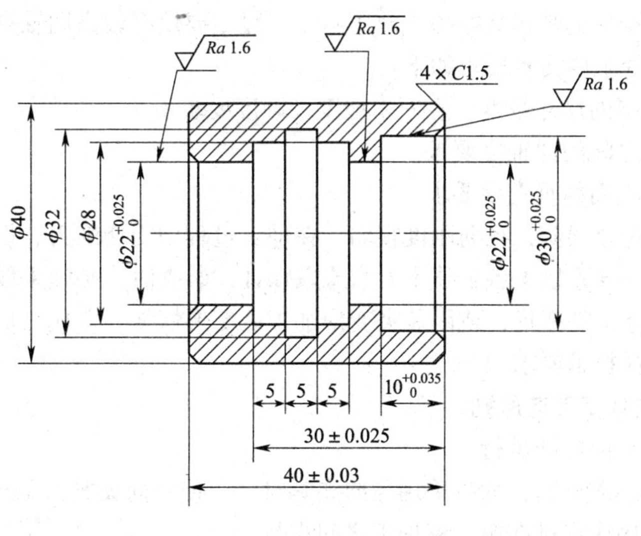

图 7—17 零件图

第三节　复杂套类零件的加工

学习目标

1．掌握套类零件的加工特点。

2．能制定套类零件的装夹方案。

3．能合理分析复杂套类零件的误差原因及处理方法。

在机械零件中，一般把轴套、衬套等零件称为套类零件。套类零件一般由外圆、内孔、端面、台阶、内沟槽等结构要素组成。其主要特点是内、外圆柱面和相关端面间的形状精度和位置精度要求较高。

相关理论

一、套类零件的加工工艺特点及毛坯选择

1．套类零件的加工工艺特点

套类零件在机器中主要起支撑和导向作用，一般主要由有较高同轴度要求的内外表面组成。一般套类零件的主要技术要求如下：

（1）内孔及外圆的尺寸精度、表面粗糙度及圆度要求。

（2）内、外圆之间的同轴度要求。

（3）孔轴线与端面的垂直度要求。

薄壁套类零件壁厚很薄，径向刚度很弱，在加工过程中受切削力、切削热及夹紧力等因素的影响极易变形，导致以上各项技术要求难以保证。装夹时，必须采取相应的预防纠正措施，以免加工时引起工件变形；或因装夹变形加工后变形恢复，造成已加工表面变形，加工精度达不到零件图样技术要求。

2．套类零件的加工工艺原则

（1）粗、精加工应分开进行。

（2）尽量采用轴向压紧，如果采用径向夹紧时，应使径向夹紧力分布均匀。

（3）热处理工序应安排在粗、精加工之间进行。

（4）中小型套类零件的内、外圆表面及端面应尽量在一次安装中加工出来。

（5）在安排孔和外圆加工顺序时，应尽量采用先加工内孔，然后以内孔定位加工外圆的加工顺序。

（6）车削薄壁套类零件时，车削刀具应选择较大的主偏角，以减小背向力，防止加工工件变形。

3. 毛坯选择

套类零件的毛坯主要根据零件材料、形状结构、尺寸大小及生产批量进行选择。孔径较小时，可选棒料，也可采用实心铸件；孔径较大时，可选用带预制孔的铸件或锻件；壁厚较小且较均匀时，可选用管料；当生产批量较大时，还可采用挤压和粉末冶金等先进毛坯制造工艺，可在毛坯精度提高的基础上提高生产效率，节约用材。

二、套类零件的定位与装夹

1. 套类零件定位基准的选择

套类零件的主要定位基准为内、外圆中心。外圆表面与内孔中心有较高的同轴度要求时，加工中常互为基准反复装夹加工，以保证零件图样技术要求。

2. 套类零件的装夹方案

（1）套类零件的壁厚较大，零件以外圆定位时，可直接采用三爪自定心卡盘装夹，外圆轴向尺寸较小时，可与已加工过的端面组合定位装夹，如采用反爪装夹；工件较长时可加顶尖装夹，再根据工件长度判断加工精度，是否再加中心架或跟刀架，采用“一夹一顶一托”装夹。

（2）套类零件以内孔定位时，可采用心轴装夹；当零件的内、外圆同轴度要求较高时，可采用小锥度心轴装夹；当工件较长时，可在两端孔口各加工出一小段60°锥面，用两个圆锥对顶定位装夹。

（3）当套类零件壁厚较小时，即薄壁套类零件，直接采用三爪自定心卡盘装夹会引起工件变形，可采用轴向装夹、刚性开缝套筒装夹和圆弧软爪装夹等方法。

1）轴向装夹法。轴向装夹法也就是将薄壁套类零件由径向夹紧改为轴向夹紧，轴向装夹法如图7—18所示。

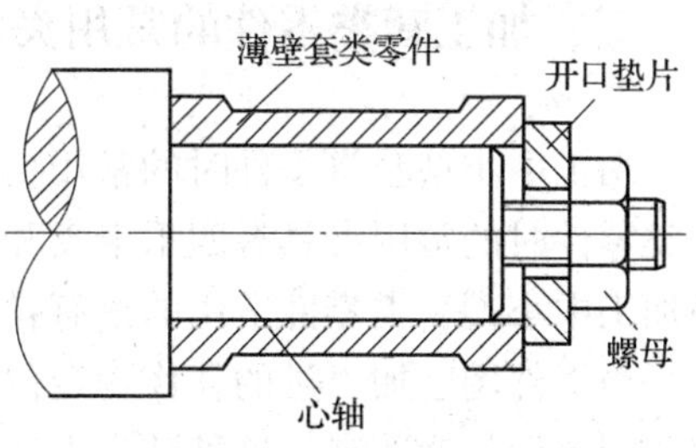

图7—18 工件轴向夹紧示意图

2）刚性开缝套筒装夹法。薄壁套类零件采用三爪自定心卡盘装夹（见图7—19），零件只受到三爪的夹紧力，夹紧接触面积小，夹紧力不均衡，容易使零件发生变形。如采用图7—20所示的刚性开缝套筒装夹，夹紧接触面积大，夹紧力较均衡，不容易使零件发生变形。

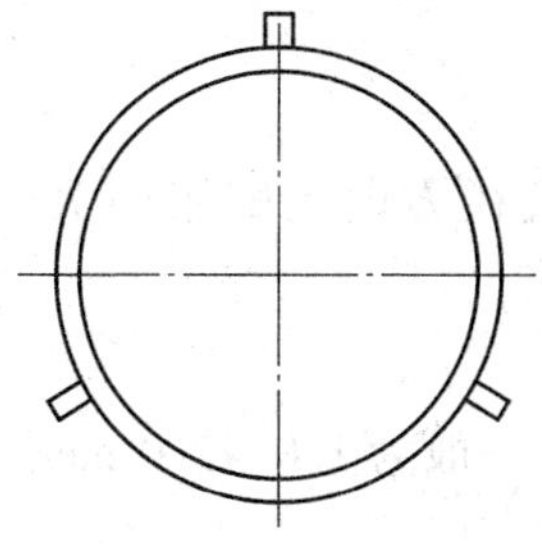
图7—19 三爪自定心卡盘装夹示意图

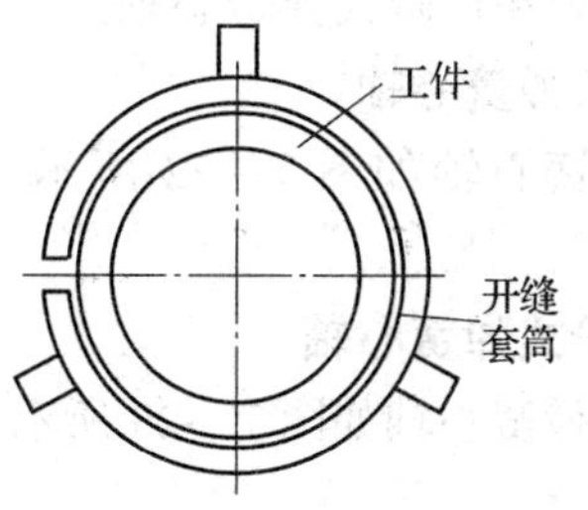

图7—20 刚性开缝套筒装夹示意图

3）圆弧软爪装夹法。当被加工薄壁套类零件以三爪自定心卡盘外圆定位装夹时，采用内圆弧软爪装夹定位工件方法。当被加工薄壁套类零件以内孔定位装夹时，可采用外圆弧软爪装夹，在数控车床上装刀根据加工工件内孔大小配车，配车外圆弧软爪如图 7—21 所示。

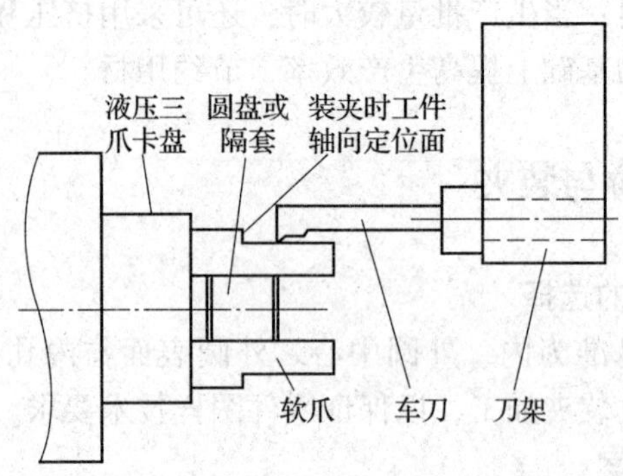

图 7—21　数控车床配车外圆弧软爪示意图

加工软爪时要注意软爪应在与加工时相同的夹紧状态下进行车削，以免在加工过程中松动和由于卡爪反向间隙而引起定心误差；车削软爪外定心表面时，要在靠卡盘处夹适当的圆盘料，以消除卡盘端面螺纹的间隙。配车加工的三外圆弧软爪所形成的外圆弧直径大小应比用来定心装夹的工件内孔直径要大一点。

套类零件的尺寸较小时，尽量在一次装夹下加工出较多表面，既减少装夹次数及装夹误差，又容易获得较高的形位精度。

三、加工套类零件的常用夹具

加工中小型套类零件时的常用夹具有手动三爪卡盘、液压三爪卡盘和心轴；加工中大型套类零件时的常用夹具有四爪卡盘和花盘。这些夹具大家都比较熟悉，此处不详细介绍，另外加工中小型套类零件常用的还有弹簧心轴夹具。

当工件用已加工过的孔作为定位基准，并能保证外圆轴线和内孔轴线的同轴度要求时，常采用弹簧心轴装夹。这种装夹方法可保证工件内外表面的同轴度，适合用于批量生产。弹簧心轴（又称胀心心轴）既能定心，又能夹紧，是一种定心夹紧装置。弹簧心轴一般分为直式弹簧心轴和台阶式弹簧心轴。

1. 直式弹簧心轴

直式弹簧心轴如图 7—22 所示，它的最大特点是直径方向上膨胀较大，可达 1.5 ~ 5 mm。

2. 台阶式弹簧心轴

台阶式弹簧心轴如图 7—23 所示，它的膨胀量较小，一般为 1.0 ~ 2.0 mm。

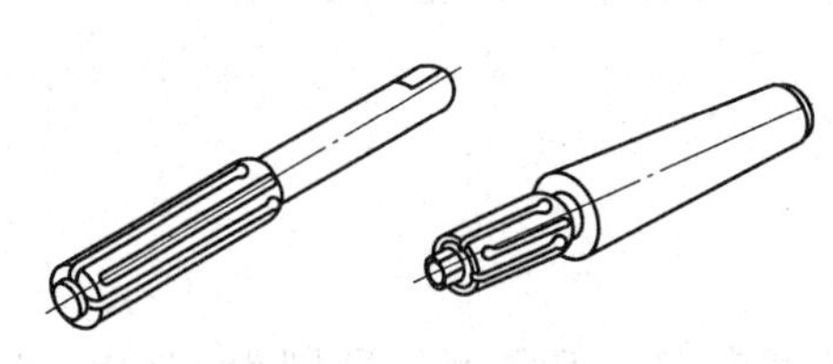

图 7—22 直式弹簧心轴

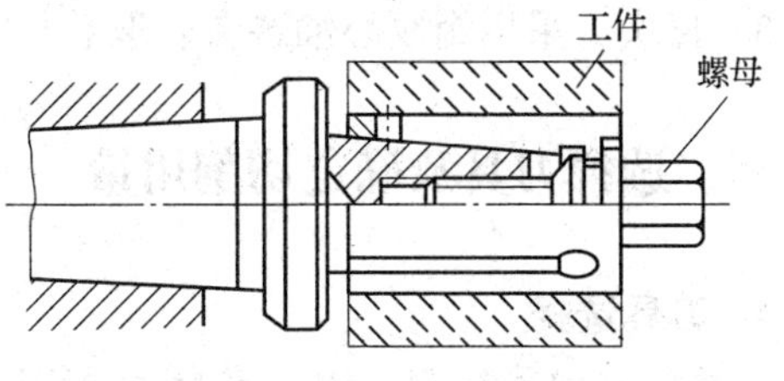

图 7—23 台阶式弹簧心轴

如图 7—24 所示，毛坯为 ϕ45 mm × 40 mm 的 45 钢，运用 FANUC 0i 系统所学指令进行编程并加工该零件。

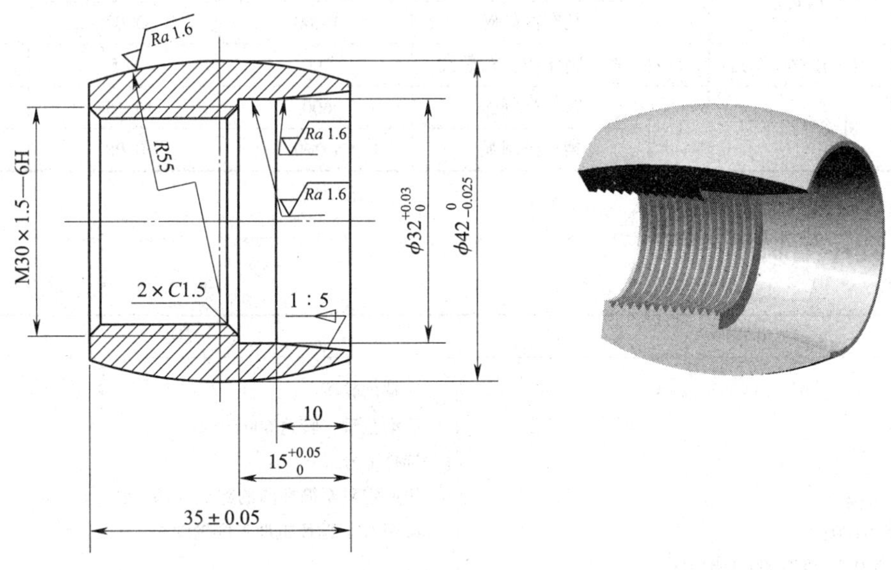

图 7—24 套类零件图

一、工艺分析

1. 夹住毛坯 ϕ45 mm 外圆，伸出长度大于 20 mm：车端面→钻孔，长度大于 40 mm→粗车内轮廓 1∶5 锥度和 ϕ32 mm 内孔、M30 × 1. 5 内螺纹底孔及 C1. 5 倒角，留有 0. 5 mm 精加工余量→精车内轮廓至尺寸要求。

2. 换螺纹车刀车削 M30 × 1. 5 内螺纹并运用螺纹塞规进行检查。

3．掉头，采用螺纹心轴装夹：取总长→粗、精加工 *R*55 外圆弧至尺寸要求。

二、选择刀具及确定切削用量

1．刀具选择

选择机夹内孔车刀、内三角螺纹车刀和机夹外圆车刀，刀具型号分别为 S16R－PCLNR09、SNR－0016M16 和 PCLNR2020K12。

2．确定切削用量

刀具的选择及切削用量的确定见表 7—7。

表 7—7　　数控加工刀具及切削用量选择

刀具号	刀具规格名称	数量	加工内容	主轴转速/（r/min）	进给量/（mm/r）	备注
T0101	95°内孔车刀	1	粗车内轮廓	600	0.2	
			精车内轮廓	1 200	0.08	
T0202	内三角螺纹车刀	1	粗、精车内三角螺纹	700	1.5	
T0303	机夹外圆车刀	1	粗车外圆弧	600	0.15	
			精车外圆弧	1 200	0.08	

三、程序编制

程序	说明
O0001；	右端内轮廓
M03 S600；	启动主轴，转速 600 r/min
T0101；	选择 1 号刀
G00 X20.0 Z2.0；	快速定位至循环前的起点（20，2）
G71 U1.5 R1.0；	应用 G71 循环粗加工内轮廓
G71 P10 Q20 U－0.5 W0.1 F0.2；	
N10 G00 X34.0 S1200；	
G01 Z0 F0.08；	
X32.0 Z－10.0；	
Z－15.0；	
X30.1；	
X28.6 Z－16.5；	
Z－36.0；	
N20 X20.0；	
G70 P10 Q20；	精加工内轮廓
G00 Z100.0；	
X100.0；	退刀
M05；	主轴停止

续表

程序	说明
M00;	程序暂停
M03 S700;	启动主轴，转速 700 r/min
T0202;	选择 2 号刀
G00 X25.0 Z2.0;	快速定位至螺纹加工起点（25，2）
G92 X29.0 Z-36.0 F1.5;	螺纹循环加工第一刀
X29.3;	螺纹循环加工第二刀
X29.6;	螺纹循环加工第三刀
X30.0;	螺纹循环加工第四刀
G00 Z100.0;	
X100.0;	退刀
M30;	程序结束并返回
O0002;	掉头（加工外圆弧）
M03 S600;	启动主轴，转速 600 r/min
T0303;	选择 3 号刀
G00 X46.0 Z2.0;	快速定位至循环前的起点（46，2）
G73 U4.5 R5.0;	应用 G73 循环粗加工外圆弧
G73 P10 Q20 U0.5 W0.1 F0.15;	
N10 G00 X36.283 S1200;	
G01 Z0 F0.08;	
G03 X36.283 Z-35.0 R55.0;	
N20 G01 X46.0;	
G70 P10 Q20;	精加工外圆弧
G00 X100.0 Z100.0;	退刀至安全位置
M30;	程序结束

数控车床加工内螺纹时遇到的加工误差有多种，其问题现象、产生原因、预防和消除措施见表 7—8。

表 7—8　　内螺纹加工误差分析

问题现象	产生原因	预防和消除措施
内三角螺纹超差或产生振纹	1. 车床主轴间隙过大 2. 程序错误 3. 刀柄伸出的长度过长	1. 调整车床主轴间隙 2. 检查、修改程序 3. 调整刀具伸出长度

如图 7—25 所示零件图样，用数控车 FANUC 0i 系统编程并加工该零件。

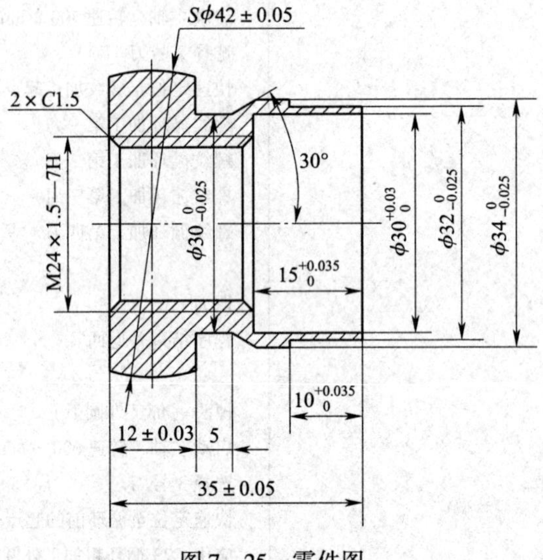

图 7—25 零件图

第八章

技能操作综合训练

第一节 技能操作综合训练一

学习目标

1. 熟悉数控加工工序及各种工序卡片的填写方法。
2. 能综合分析零件图样，制定相应的加工工艺。
3. 能编制一般轴类零件的数控车削加工程序，并能熟练操作机床加工零件。

工作任务

如图 8—1 所示为一轴类工件，试用数控车 FANUC 0i 系统编写其加工程序，并进行加工。

任务准备

1. 选择机床

选用机床为 FANUC 0i 系统的 CKA6140 型数控车床。

2. 材料

选择毛坯尺寸为 ϕ45 mm × 80 mm，材料为 45 钢。

3. 工具、量具、刀具

工具、量具及刀具清单见表 8—1。

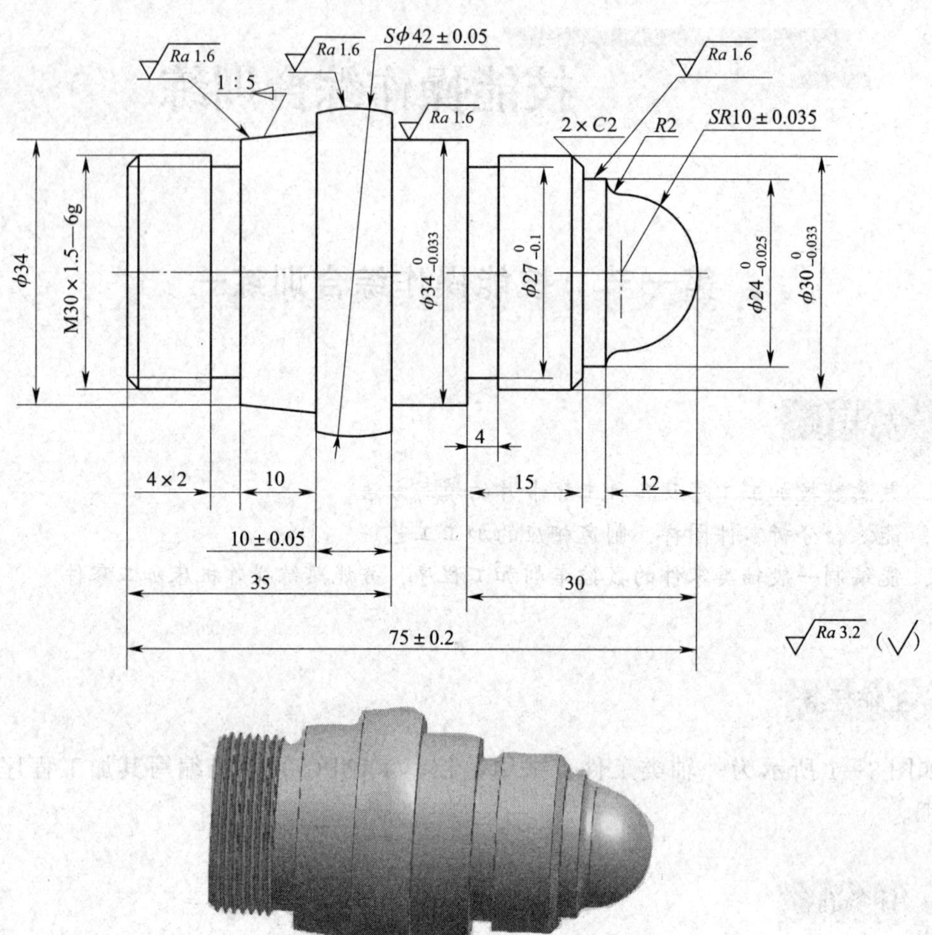

技术要求

1. 未注倒角处去毛刺。

2. 未注公差按IT11级精度加工。

图 8—1　球头螺纹轴零件图

表 8—1　　工具、量具及刀具清单

序号	名称	规格	数量	备注
1	95°外圆车刀	MVJNR－2020K16	1	
2	车槽刀	刀头宽 4 mm	1	
3	切断刀	刀宽 <5 mm，切深 <22 mm	1	
4	外螺纹车刀	M30 × 1. 5	1	

续表

序号	名称	规格	数量	备注
5	游标卡尺	0.02/0～150	1	
6	外径千分尺	0.01/0～25	1	
7	外径千分尺	0.01/25～50	1	
8	游标深度尺	0.02/0～200	1	
9	内径百分表	0.01/18～35	1	
10	数显卡尺	0.01/0～150	1	
11	螺纹环规	M30×1.5—6H	1	
12	R 规	*R*1～*R*6.5、*R*7～*R*14、*R*15～*R*25、*R*26～*R*80	各 1	
13	其他	铜棒、铜皮、毛刷等常用工具		选用
		计算机、计算器、编程用书等		

一、加工工艺分析

1. 分析零件图样

(1) 尺寸精度

本工件中精度要求较高的尺寸主要有：外圆 $\phi34_{-0.033}^{\ 0}$ mm、$\phi30_{-0.033}^{\ 0}$ mm、$\phi24_{-0.025}^{\ 0}$ mm；螺纹 M30×1.5—6 g；长度 10±0.05 mm、75±0.2 mm 等。

对于尺寸精度要求，主要通过在加工过程中的准确对刀、正确设置刀补及磨耗，以及正确制定合适的加工工艺等措施来保证。

(2) 几何精度

本例中主要的几何精度是掉头以后零件的同轴度。

对于几何精度要求，主要通过调整机床的机械精度、制定合理的加工工艺及工件的装夹、定位与找正等措施来保证。

(3) 表面粗糙度

外圆表面粗糙度值要求为 *Ra*1.6 μm，螺纹、端面、槽等表面的粗糙度值为 *Ra*3.2 μm。

对于表面粗糙度要求，主要通过选用合适的刀具，正确的粗、精加工路线，合理的切削用量及冷却等措施来保证。

2. 编程原点的确定

由于工件在长度方向的尺寸精度要求较低，根据编程原点的确定原则，该工件的编程原点取在工件的左（右）端与主轴轴线相交的交点上。

3. 制定加工方案及加工路线

本例采用两次装夹后完成粗、精加工的加工方案，先加工右端外形，完成粗、精加工后，掉头加工另一端。

进行数控车削加工时，加工的起始点定在离工件毛坯 2 mm 的位置。尽可能采用沿轴向切削的方式进行加工，以提高加工过程中工件与刀具的刚度。

4. 工件的定位、装夹及刀具的选用

（1）工件的定位及装夹

加工工件两端时，均采用三爪自定心卡盘进行定位与装夹。

工件装夹时的夹紧力要适中，既要防止工件的变形与夹伤，又要防止工件在加工过程中产生松动。工件装夹过程中，应对工件进行找正，以保证工件轴线与主轴轴线同轴。

加工右端前，先将毛坯左端面光出，并车 ϕ40 mm 外圆约 20 mm 长，再装夹该外圆开始加工右端轮廓。

（2）刀具的选用

根据实际条件，可选用机夹式标准车刀，刀片材料均选用硬质合金或涂层刀具。本例工件选择外圆车刀、外车槽刀和外三角螺纹车刀进行加工。

5. 编制加工工序卡

通过以上分析，本课题的加工工艺列于表 8—2 中。

表 8—2　　　　　　　　　　**数控加工工艺卡**

××× 数控车间	数控加工工序卡片		零件名称		零件图号		材料
			球头螺纹轴		CX1		45
工艺序号	程序编号	夹具名称	夹具编号		使用设备		车　间
××	××	三爪自定心卡盘	××		CKA6140		××
工步号	工步内容	刀具号	刀具规格		主轴转速 /(r/min)	进给量 /(mm/r)	背吃刀量 /mm
1	粗车右端外轮廓	T0101	MVJNR－2020K16		600	0. 2	1. 5
2	精车右端外轮廓	T0101	MVJNR－2020K16		1 200	0. 1	0. 25
3	车槽	T0202	CFMR QA2020K04		400	0. 05	4
4	掉头粗车左端外轮廓	T0101	MVJNR－2020K16		600	0. 2	1. 5
5	精车左端外轮廓	T0101	MVJNR－2020K16		1 200	0. 1	0. 25
6	车螺纹退刀槽	T0202	CFMR QA2020K04		400	0. 05	4
7	车三角螺纹	T0303	CER2020K16QHD		800	1. 5	—
编制		审核		批准		共 页 第 页	

注：表中加工参数的确定，取决于实际加工经验、工件的加工精度及表面质量、工件的材料性质、刀具的种类及刀具形状、刀柄的刚度等诸多因素。

二、程序编制

程序	说明
O0001;	(右端加工程序)
M03 S600;	启动主轴，转速 600 r/min
T0202;	选择 2 号刀具（95°外圆车刀）
G00 X46.0 Z2.0;	
G71 U1.5 R1.0;	设定 G71 粗加工参数
G71 P10 Q20 U0.5 W0.1 F0.2;	
N10 G00 X0 S1200;	精加工第一个程序段号
G42 G01 Z0 F0.1;	
G03 X20.0 Z-10.0 R10.0;	加工 *SR*10 mm 半球
G02 X24.0 Z-12.0 R2.0;	加工 *R*2 mm 凹弧
G01 Z-15.0;	加工 ϕ24 mm 外圆
X26.0;	
X30.0 W-2.0;	*C*2 倒角
Z-30.0;	加工 ϕ30 mm 外圆
X34.0;	
Z-40.0;	加工 ϕ34 mm 外圆
X40.79;	
G03 X40.79 Z-50.0 R21.0;	加工 *S*ϕ42 mm 球面
G01 W-1.0;	退刀
N20 G40 G01 X46.0;	精加工最后一个程序段号
G00 X100.0 Z100.0;	退刀测量
M05;	主轴停
M00;	程序暂停
M03 S1200;	启动主轴，转速 1 200 r/min
T0101;	执行刀补
G00 X46.0 Z2.0;	定位至精加工起点
G70 P10 Q20;	外轮廓精加工
G00 X100.0 Z100.0;	快速退刀
M05;	
M00;	
M03 S400;	转速 400 r/min
T0202;	选择 2 号刀具（4 mm 车槽刀）
G00 X35.0 Z-30.0;	快速定位
G01 X26.95 F0.05;	切削退刀槽
G04 X1.0;	暂停 1s
G01 X35.0 F0.05;	
G00 X100.0 Z100.0;	退刀
M30;	程序结束

续表

程序	说明
O0002;	(左端加工程序)
M03 S600;	启动主轴，转速 600 r/min
T0101;	选择 1 号刀具（95°外圆车刀）
G00 X46.0 Z2.0;	
G71 U1.5 R1.0;	设定 G71 粗加工参数
G71 P10 Q20 U0.5 W0.1 F0.2;	
N10 G00 X26.8 S1200;	精加工第一个程序段号
G42 G01 Z0 F0.1;	
X29.8 Z-2.0;	
Z-15.0;	
X34.0;	
X36.0 W-10.0;	
N20 G40 G01 X46.0;	精加工最后一个程序段号
G00 X100.0 Z100.0;	退刀测量
M05;	主轴停
M00;	程序暂停
M03 S1200;	启动主轴，转速 1 200 r/min
T0101;	执行刀补
G00 X46.0 Z2.0;	定位至精加工起点
G70 P10 Q20;	外轮廓精加工
G00 X100.0 Z100.0;	快速退刀
M05;	
M00;	
M03 S400;	转速 400 r/min
T0202;	选择 2 号刀具（4 mm 车槽刀）
G00 X35.0 Z-15.0;	快速定位
G01 X26.0 F0.05;	切削退刀槽
G04 X1.0;	暂停 1 s
G01 X35.0 F0.05;	
G00 X100.0 Z100.0;	退刀
T0303 S800;	换外三角螺纹刀
G00 X32.0 Z5.0;	快速定位至螺纹加工起点
G92 X29.3 Z-12.0 F1.5;	加工螺纹
X28.8;	
X28.5;	
X28.15;	
X28.05;	
G00 X100.0 Z100.0;	退刀
M30;	程序结束

任务测评

任务测评见表8—3。

表8—3　　零件配分权重表

工件编号					得分		
项目与权重	序号	技术要求	配分		评分标准	检测记录	得分
			IT	*Ra*			
工件加工（75%）	1	Sϕ42 ±0.05	6	2	超差不得分		
	2	$\phi34_{-0.033}^{\ 0}$	5	2	超差不得分		
	3	$\phi30_{-0.033}^{\ 0}$	5	2	超差不得分		
	4	$\phi27_{-0.1}^{\ 0}$	5	2	超差不得分		
	5	$\phi24_{-0.025}^{\ 0}$	5	2	超差不得分		
	6	锥度1:5	5	2	错误不得分		
	7	*SR*10 ±0.035	6	2	超差不得分		
	8	M30×1.5—6g	6	2	超差不得分		
	9	10 ±0.05	3		超差不得分		
	10	75 ±0.2	3		超差不得分		
	11	*C*2（2处）	2		错误不得分		
	12	*R*2 自然过渡	1		错误不得分		
	13	4×2	2		错误不得分		
	14	未注公差	5		超差不得分		
程序与加工工艺（25%）	15	程序格式规范	5		扣1分/处		
	16	程序正确、完整	10		扣1分/处		
	17	加工工艺正确	5		扣1分/处		
	18	安全文明生产	5		违规全扣		
合　计			100				

第二节　技能操作综合训练二

学习目标

1. 能编制一般轴类零件的数控车削加工程序，并能熟练操作机床加工零件。
2. 能进行径向直槽轴类零件的质量检验。
3. 在掉头装夹工件时，能校正工件。

工作任务

如图 8—2 所示工件，试用数控车床 FANUC 系统编写加工程序并进行加工。

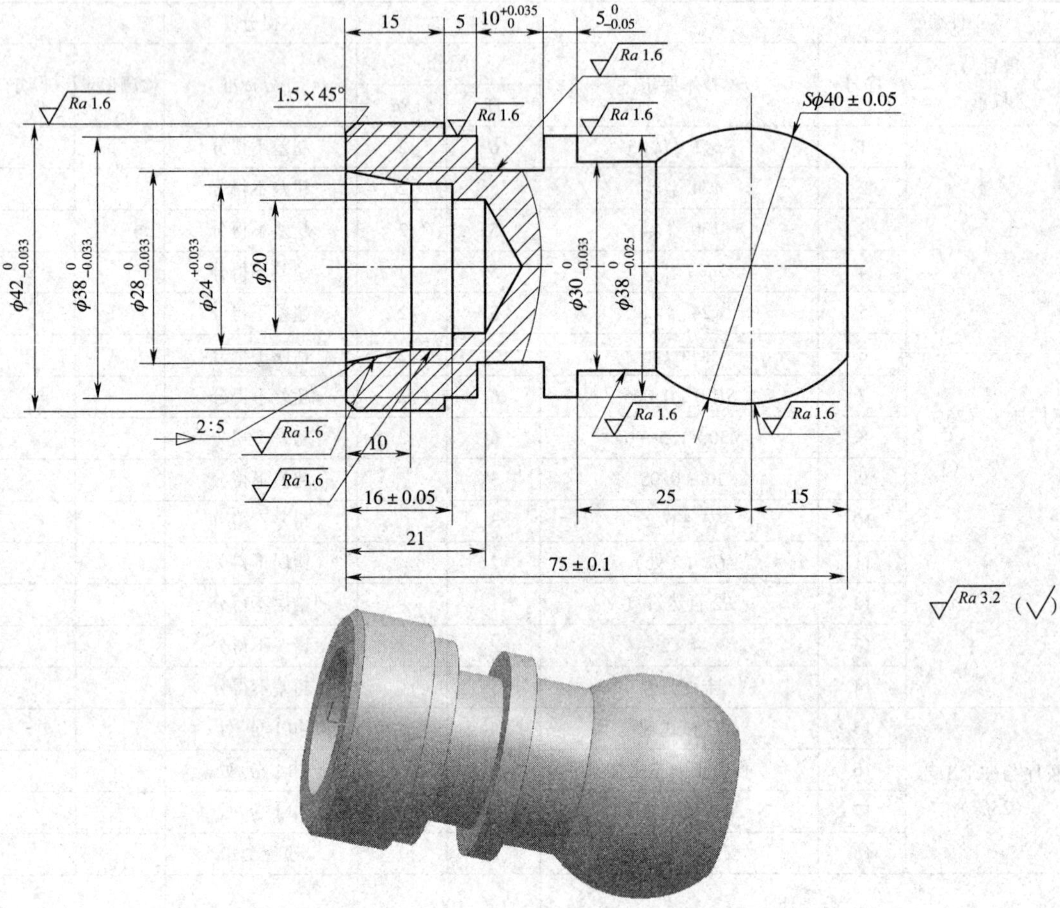

技术要求

1. 未注倒角处去毛刺。
2. 未注公差按IT11级精度加工。

图 8—2　球头连接轴零件图

任务准备

1．选择机床

选用机床为 FANUC 0i 系统的 CKA6140 型数控车床。

2．材料

毛坯尺寸为 ϕ45 mm × 80 mm，材料为 45 钢。

3. 工具、量具、刀具

工具、量具及刀具清单见表8—4。

表8—4　工具、量具及刀具清单

序号	名称	规格	数量	备注
1	95°外圆车刀	WTJNR2020K16	1	
2	93°外圆车刀	SVJBR2020K16	1	35°副偏角
3	车槽刀	刀头宽4 mm	1	
4	切断刀	刀宽<5 mm，切深<22 mm	1	
5	内孔车刀	孔径≥20 mm，孔深≤30 mm	1	
6	游标卡尺	0.02/0～150	1	
7	外径千分尺	0.01/0～25	1	
8	外径千分尺	0.01/25～50	1	
9	游标深度尺	0.02/0～200	1	
10	内径百分表	0.01/18～35	1	
11	数显卡尺	0.01/0～150	1	
12	R规	$R1$～$R6.5$、$R7$～$R14$、$R15$～$R25$、$R26$～$R80$	各1	
13	麻花钻及钻套	$\phi20$ mm，$L\leqslant45$ mm	1	
14	其他	铜棒、铜皮、毛刷等常用工具		选用
		计算机、计算器、编程用书等		

一、加工工艺分析

1. 分析零件图样

(1) 尺寸精度

本工件中精度要求较高的尺寸主要有：外圆 $\phi42_{-0.033}^{\ 0}$ mm、$\phi38_{-0.033}^{\ 0}$ mm、$\phi38_{-0.025}^{\ 0}$ mm、$\phi28_{-0.033}^{\ 0}$ mm、$\phi30_{-0.033}^{\ 0}$ mm、球面 $S\phi40\pm0.05$ mm；内孔 $\phi24_{\ 0}^{+0.033}$ mm；长度 16 ± 0.05 mm、75 ± 0.1 mm、$10_{\ 0}^{+0.035}$ mm、$5_{-0.05}^{\ 0}$ mm 等。

对于尺寸精度要求，主要通过在加工过程中的准确对刀、正确设置刀补及磨耗，以及正确制定合适的加工工艺等措施来保证。

(2) 几何精度

本例中主要的几何精度是掉头以后零件的同轴度。

对于几何精度要求，主要通过调整机床的机械精度、制定合理的加工工艺及工件的装夹、定位与找正等措施来保证。

（3）表面粗糙度

外圆表面粗糙度值要求为 $Ra1.6\ \mu m$，端面等的表面粗糙度值为 $Ra3.2\ \mu m$。

对于表面粗糙度要求，主要通过选用合适的刀具，正确的粗、精加工路线，合理的切削用量及冷却等措施来保证。

2．编程原点的确定

由于工件在长度方向的尺寸精度要求较低，根据编程原点的确定原则，该工件的编程原点取在工件的左（右）端与主轴轴线相交的交点上。

3．数控加工工艺过程

该工件数控加工工艺过程卡见表 8—5。

表 8—5　　数控加工工艺过程卡

数控加工工艺过程综合卡片		使用设备	夹具名称	零件名称	零件图号	材料
××× 数控车间		CKA6140	三爪自定心卡盘	球头连接轴	CX2	45
序号	工步内容及要求	工序简图			设备	工夹具
1	加工左端内孔和外圆	C1.5；2:5；$\phi20$；$\phi24^{+0.033}_{0}$；$\phi42^{0}_{-0.033}$；6；16±0.05；17			CKA6140	三爪自定心卡盘
2	加工右端轮廓	Ra 1.6；5；$10^{+0.035}_{0}$；$5^{0}_{-0.05}$；$S\phi40\pm0.05$；$\phi38^{0}_{-0.033}$；$\phi28^{0}_{-0.033}$；$\phi38^{0}_{-0.025}$；$\phi30^{0}_{-0.033}$；25；15；75±0.1			CKA6140	三爪自定心卡盘
编制		审核		批准		共　页　第　页

4. 选择刀具及确定切削用量

通过以上分析，本工件的加工刀具及切削用量参数见表8—6。

表8—6 数控加工刀具及切削用量参数明细表

工步号	工步内容	刀具号	刀具规格	主轴转速/(r/min)	进给量/(mm/r)	背吃刀量/mm
1	粗车左端 ϕ42 外圆	T0101	MVJNR－2020K16	600	0.2	1.5
2	精车左端 ϕ42 外圆	T0101	MVJNR－2020K16	1 200	0.1	0.25
3	钻孔	—	ϕ20 钻头	500	手动	—
4	粗镗孔	T0202	S16Q－SCLCR09B	600	0.2	1
5	精镗孔	T0202	S16Q－SCLCR09B	1 200	0.1	0.15
6	粗加工右端成形轮廓	T0303	SVJBR2020K	600	0.2	1.5
7	精加工右端	T0303	SVJBR2020K	1 200	0.1	0.25
8	粗加工槽	T0404	CFMR QA2020K04	400	0.05	—
9	精加工槽	T0404	CFMR QA2020K04	1 200	0.05	—
编制		审核		批准		共 页 第 页

注：表中加工参数的确定，取决于实际加工经验、工件的加工精度及表面质量、工件的材料性质、刀具的种类及刀具形状、刀柄的刚度等诸多因素。

二、程序编制

程序	说明
O0001;	（左端加工程序）
M03 S600;	启动主轴，转速600 r/min
T0101;	选择1号刀具（95°外圆车刀）
G00 X46.0 Z2.0;	
G71 U1.5 R1.0;	设定G71粗加工参数
G71 P10 Q20 U0.5 W0.1 F0.2;	
N10 G00 X39.0 S1200;	精加工第一个程序段号
G42 G01 Z0 F0.1;	
X42.0 Z－1.5;	$C1.5$ 倒角
Z－17.0;	加工 ϕ42 mm 外圆
N20 G40 G01 X46.0;	精加工最后一个程序段号
G00 X100.0 Z100.0;	退刀测量
M05;	主轴停
M00;	程序暂停
M03 S1200;	启动主轴，转速1 200 r/min
T0101;	执行刀补
G00 X46.0 Z2.0;	定位至精加工起点
G70 P10 Q20;	外轮廓精加工

续表

程序	说明
G00 X100.0 Z100.0；	快速退刀
M05；	
M00；	
M03 S600；	转速 600 r/min
T0202；	选择 2 号刀具（镗孔刀）
G00 X20.0 Z2.0；	快速定位至循环起点
G71 U1.0 R0.5；	设定 G71 循环参数
G71 P30 Q40 U－0.3 W0.1 F0.2；	
N30 G00 X28.0 S1200；	进刀
G41 G01Z0 F0.1；	定位
X24.0 Z－10.0；	车锥面
Z－16.0；	镗 ϕ24 mm 孔
N40 G40 G01 X20.0；	
G00 X20.0 Z100.0；	退刀（内孔退刀）
M05；	主轴停
M00；	程序暂停
M03 S1200；	启动主轴，转速 1 200 r/min
T0202；	执行 2 号刀补
G00 X20.0 Z2.0；	定位至精加工起点
G70 P30 Q40；	精加工内孔
G00 X100.0 Z100.0；	退刀
M30；	程序结束
O0002；	（右端加工程序）
M03 S600；	启动主轴，转速 600 r/min
T0303；	选择 3 号刀具（93°外圆车刀）
G00 X46.0 Z2.0；	
G73 U8 R8；	设定 G73 粗加工参数
G71 P10 Q20 U0.5 W0 F0.2；	
N10 G00 X26.46 S1200；	
G42 G01 Z0 F0.1；	移动至起点
G03 X30.0 Z－28.23 R20.0；	加工 $S\phi$40 mm 球面
G01 Z－40.0；	加工 ϕ30 mm 外圆
X38.0；	
W－20.0；	加工 ϕ38 mm 外圆
N20 G40 G01 X46.0；	
G00 X100.0 Z100.0；	退刀
M05；	主轴停
M00；	程序暂停
M03 S1200；	启动主轴，转速 1 200 r/min

续表

程序	说明
T0303;	执行 3 号刀补
G00 X46.0 Z2.0;	定位至起点
G70 P10 Q20;	精加工轮廓
G00 X100.0 Z100.0;	退刀
T0404 S400;	换 4 号刀具，主轴转速 400 r/min
G00 X43.0 Z-48.5;	快速定位
G75 R1.0;	应用 G75 循环粗加工槽
G75 X28.3 Z-54.0 P5000 Q3500 F0.05;	
G00 X43.0;	
S1200 Z-55.0;	主轴转速 1 200 r/min
G01 X28.0 F0.05;	精加工中间槽
W5.0;	
G00 X40.0;	
W1.0;	
G01 X28.0 F0.05;	
W-1.0;	
G04 X0.5;	槽底延时 0.5 s
G00 X100.0;	退刀
Z100.0;	
M30;	程序结束

任务测评

任务测评见表 8—7。

表 8—7　　零件配分权重表

工件编号					得分		
项目与权重	序号	技术要求	配分		评分标准	检测记录	得分
			IT	Ra			
	1	$S\phi40\pm0.05$	6	2	超差不得分		
	2	$\phi42\ ^{0}_{-0.033}$	5	2	超差不得分		
	3	$\phi38\ ^{0}_{-0.033}$	5	2	超差不得分		
	4	$\phi38\ ^{0}_{-0.025}$	5	2	超差不得分		
	5	$\phi30\ ^{0}_{-0.033}$	5	2	超差不得分		
	6	$\phi28\ ^{0}_{-0.033}$	5	2	超差不得分		
	7	$\phi24\ ^{+0.033}_{0}$	5	2	超差不得分		
	8	锥度 2:5	5	2	错误不得分		

续表

工件编号					得分		
项目与权重	序号	技术要求	配分		评分标准	检测记录	得分
			IT	Ra			
工件加工（75%）	9	$10^{+0.035}_{0}$	3		超差不得分		
	10	$5^{0}_{-0.05}$	3		超差不得分		
	11	16 ±0.05	3		超差不得分		
	12	75 ±0.1	3		超差不得分		
	13	倒角 *C*1.5	1		错误不得分		
	14	未注公差	5		超差不得分		
程序与加工工艺（25%）	15	程序格式规范	5		扣1分/处		
	16	程序正确、完整	10		扣1分/处		
	17	加工工艺正确	5		扣1分/处		
	18	安全文明生产	5		违规全扣		
合 计			100				

第三节　技能操作综合训练三

学习目标

1. 能编制一般轴类零件的数控车削加工程序，并能熟练操作机床加工零件。
2. 能进行径向梯形槽轴类零件的质量检验。

工作任务

如图 8—3 所示工件，试用数控车床 FANUC 0i 系统编写加工程序并进行加工。

任务准备

1. 选择机床

选用机床为 FANUC 0i 系统的 CKA6140 型数控车床。

2. 材料

毛坯尺寸为 ϕ45 mm×80 mm，材料为 45 钢。

3. 工具、量具、刀具

工具、量具及刀具清单见表 8—8。

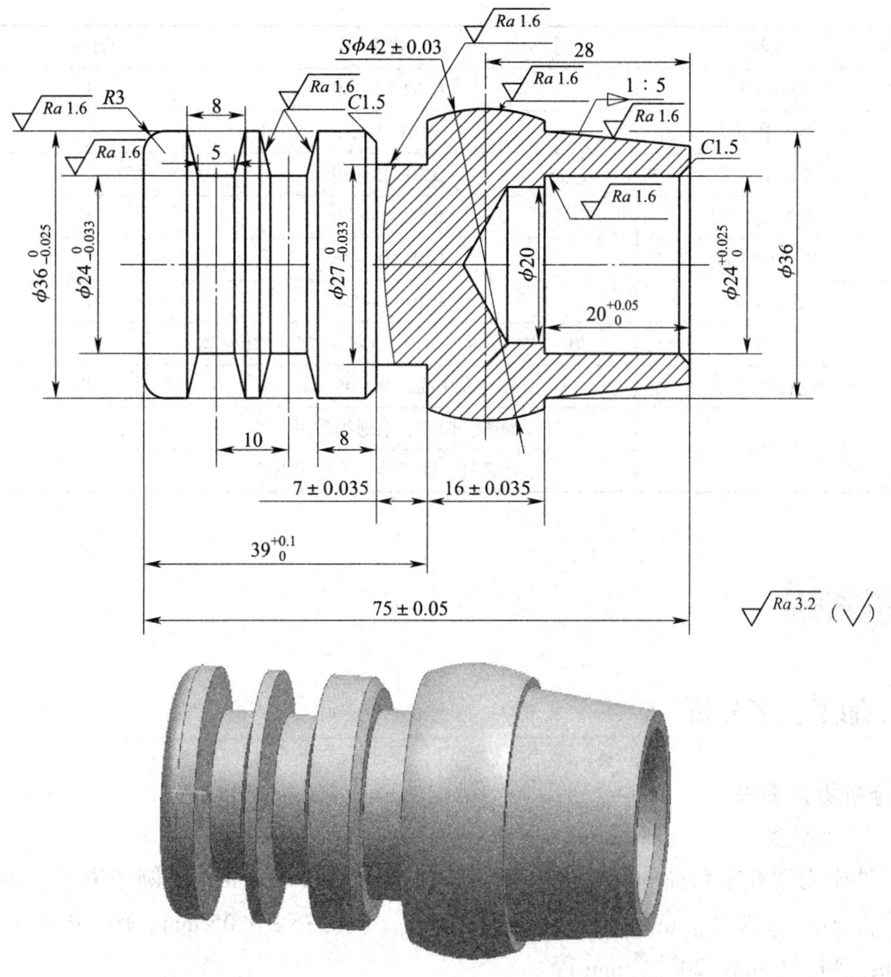

技术要求

1. 未注倒角处去毛刺。
2. 未注公差按IT11级精度加工。

图 8—3　连接轴零件图

表 8—8　　工具、量具及刀具清单

序号	名称	规格	数量	备注
1	95°外圆车刀	WTJNR2020K16	1	
2	93°外圆车刀	SVJBR2020K16	1	35°副偏角
3	车槽刀	刀头宽 4 mm	1	
4	切断刀	刀宽 <5 mm，切深 <22 mm	1	
5	内孔车刀	孔径≥20 mm，孔深≤30 mm	1	

续表

序号	名称	规格	数量	备注
6	游标卡尺	0.02/0 ~ 150	1	
7	外径千分尺	0.01/0 ~ 25	1	
8	外径千分尺	0.01/25 ~ 50	1	
9	游标深度尺	0.02/0 ~ 200	1	
10	内径百分表	0.01/18 ~ 35	1	
11	数显卡尺	0.01/0 ~ 150	1	
12	R 规	*R*1 ~ *R*6.5、*R*7 ~ *R*14、*R*15 ~ *R*25、*R*26 ~ *R*80	各 1	
13	麻花钻及钻套	ϕ20 mm，*L*≤45 mm	1	
14	其他	铜棒、铜皮、毛刷等常用工具		选用
		计算机、计算器、编程用书等		

一、加工工艺分析

1. 分析零件图样

(1) 尺寸精度

本工件中精度要求较高的尺寸主要有：球径 $S\phi42 \pm 0.03$ mm；外圆 $\phi36_{-0.025}^{0}$ mm；槽底径 $\phi24_{-0.033}^{0}$ mm、$\phi27_{-0.033}^{0}$ mm；内孔 $\phi24_{0}^{+0.025}$ mm；长度 75 ± 0.05 mm、16 ± 0.035 mm、7 ± 0.035 mm、$39_{0}^{+0.1}$ mm、$20_{0}^{+0.05}$ mm 等。

对于尺寸精度要求，主要通过在加工过程中的准确对刀、正确设置刀补及磨耗，以及制定合适的加工工艺等措施来保证。

(2) 几何精度

本例中主要的几何精度是掉头以后零件的同轴度。

对于几何精度要求，主要通过调整机床的机械精度、制定合理的加工工艺及工件的装夹、定位与找正等措施来保证。

(3) 表面粗糙度

外圆表面粗糙度值要求为 *Ra*1.6 μm，端面等的表面粗糙度值为 *Ra*3.2 μm。

对于表面粗糙度要求，主要通过选用合适的刀具，正确的粗、精加工路线，合理的切削用量及冷却等措施来保证。

2. 编程原点的确定

由于工件在长度方向的尺寸精度要求较低，根据编程原点的确定原则，该工件的编程原点取在工件的左（右）端与主轴轴线相交的交点上。

3．数控加工工艺过程

该工件数控加工工艺过程卡见表 8—9。

表 8—9　　数控加工工艺过程卡

<table>
<tr><td colspan="2">数控加工工艺过程综合卡片</td><td>使用设备</td><td>夹具名称</td><td>零件名称</td><td>零件图号</td><td>材料</td></tr>
<tr><td colspan="2">× × × 数控车间</td><td>CKA6140</td><td>三爪自定心卡盘</td><td>连接轴</td><td>CX3</td><td>45</td></tr>
<tr><td>序号</td><td>工步内容及要求</td><td colspan="3">工序简图</td><td>设备</td><td>工夹具</td></tr>
<tr><td>1</td><td>（1）钻孔，车工艺外圆
（2）加工左端外圆和槽</td><td colspan="3">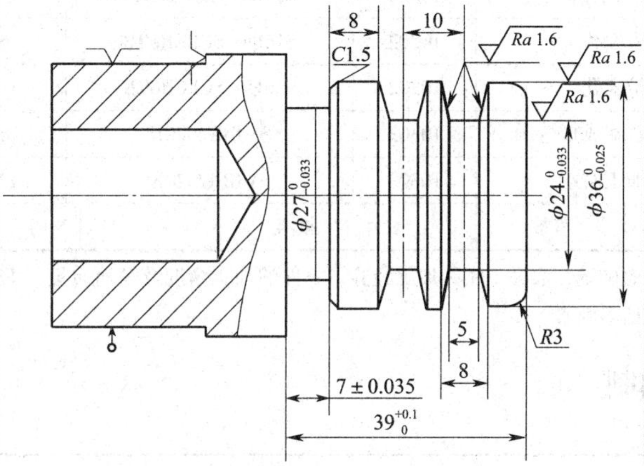
</td><td>CKA6140</td><td>三爪自定心卡盘</td></tr>
<tr><td>2</td><td>加工右端外轮廓和内孔</td><td colspan="3">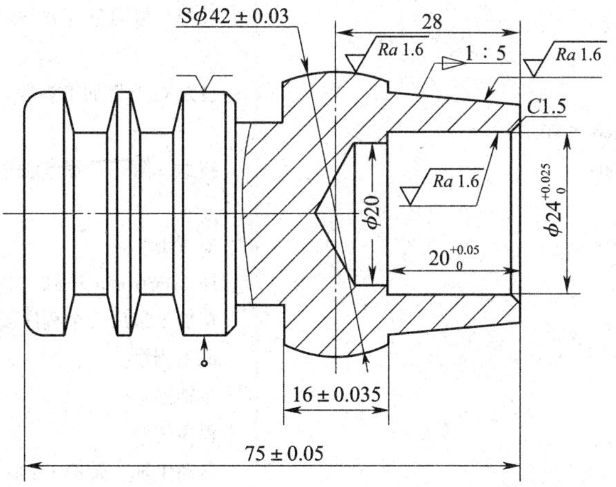
</td><td>CKA6140</td><td>三爪自定心卡盘</td></tr>
<tr><td>编制</td><td></td><td>审核</td><td></td><td>批准</td><td></td><td>共　页　第　页</td></tr>
</table>

4．选择刀具及确定切削用量

通过以上分析，本工件的加工刀具及切削用量参数见表 8—10。

表 8—10　　数控加工刀具及切削用量参数明细表

工步号	工步内容	刀具号	刀具规格	主轴转速/(r/min)	进给量/(mm/r)	背吃刀量/mm
1	钻孔	—	ϕ20 钻头	500	手动	—
2	粗车左端外轮廓	T0101	MVJNR－2020K16	600	0.2	1.5
3	精车左端外轮廓	T0101	MVJNR－2020K16	1 200	0.1	0.25
4	粗加工槽	T0404	CFMR QA2020K04	400	0.05	—
5	精加工槽	T0404	CFMR QA2020K04	1 200	0.05	—
6	粗镗孔	T0202	S16Q－SCLCR09B	600	0.2	1
7	精镗孔	T0202	S16Q－SCLCR09B	1 200	0.1	0.15
8	粗加工右端成形轮廓	T0303	SVJBR2020K	600	0.2	1.5
9	精加工右端	T0303	SVJBR2020K	1 200	0.1	0.25
编制		审核		批准		共　页　第　页

注：表中加工参数的确定，取决于实际加工经验、工件的加工精度及表面质量、工件的材料性质、刀具的种类及刀具形状、刀柄的刚度等诸多因素。

二、程序编制

程序	说明
O0001;	（左端加工程序）
M03 S600;	启动主轴，转速 600 r/min
T0101;	选择 1 号刀具（95°外圆车刀）
G00 X46.0 Z2.0;	
G71 U1.5 R1.0;	设定 G71 粗加工参数
G71 P10 Q20 U0.5 W0.1 F0.2;	
N10 G00 X30.0 S1200;	精加工第一个程序段号
G42 G01 Z0 F0.1;	
G03 X36.0 Z－3.0 R3.0;	$R3$ 倒圆
G01 Z－39.0;	加工 ϕ36 mm 外圆
N20 G40 G01 X46.0;	精加工最后一个程序段号
G00 X100.0 Z100.0;	退刀测量
M05;	主轴停
M00;	程序暂停
M03 S1200;	启动主轴，转速 1 200 r/min
T0101;	执行刀补
G00 X46.0 Z2.0;	定位至精加工起点
G70 P10 Q20;	外轮廓精加工
G00 X100.0 Z100.0;	快速退刀
G10 P04 X0.3;	刀具偏移 X0.3 mm，粗加工槽
T0404 S400;	执行 4 号刀补，转速 400 r/min

续表

程序	说明
G00 X40.0 Z0;	快速定位至车槽起点
M98 P0010 L2;	调用车槽子程序
G10 P04 X0;	刀具偏移 X0，精加工槽
T0404 S1200;	执行 4 号刀补，转速 1 200 r/min
G00 X40.0 Z0;	快速定位至车槽起点
M98 P0010 L2;	调用车槽子程序
G00 X46.0 Z-38.8;	快速定位至中间直槽处
G01 X27.4 F0.05;	粗加工直槽
G00 X37.0;	
W3.0;	
G01 X27.4 F0.05;	
W-2.0;	
G00 X36.0 S1200;	精加工直槽
G01 W3.5;	
X33.0 W-1.5;	
X27.0 F0.05;	
W-2.0;	
G04 X0.5;	
G00 X46.0;	
Z-39.0;	
G01 X27.0 F0.05;	
W1.0;	
G04 X0.5;	
G00 X100.0;	
Z100.0;	退刀
M30;	程序结束

O0010;	(加工梯形槽子程序)
G00 W-10.0;	
W-2.5.0;	
G01 X24.0 F0.05;	
G00 X36.0;	
W-1.5;	
G01 X24.0 W1.5 F0.05;	
G04 X0.5;	
G00 X36.0;	
W2.5;	
G01 X24.0 W-1.5;	
G04 X0.5;	
G00 X40.0;	

续表

程序	说明
W1. 5; M99;	
O0002;	（加工右端内外轮廓）
M03 S600;	启动主轴，转速 600 r/min
T0303;	选择 3 号刀具（93°外圆车刀）
G00 X46. 0 Z2. 0;	
G71 U1. 5 R1. 0;	设定 G71 粗加工参数
G71 P10 Q20 U0. 5 W0. 1 F0. 2;	
N10 G00 X32. 0 S1200;	精加工第一个程序段号
G42 G01 Z0 F0. 1;	精加工轮廓程序
X36. 0 Z－20. 0;	
X38. 83;	
G03 X38. 83 W－16. 0 R21. 0;	
G01 W－1. 0;	
N20 G40 G01 X46. 0;	精加工最后一个程序段号
G00 X100. 0 Z100. 0;	退刀测量
M05;	主轴停
M00;	程序暂停
M03 S1200;	启动主轴，精加工转速 1 200 r/min
T0303;	执行刀补
G00 X46. 0 Z2. 0;	快速定位
G70 P10 Q20;	执行精加工程序
G00 X100. 0 Z100. 0;	退刀
T0202 S600;	选择镗孔刀，粗加工转速 600 r/min
G00 X20. 0 Z2. 0;	
G90 X22. 0 Z－19. 95 F0. 2;	
X23. 7;	
G00 Z100. 0;	
M05;	
M00;	
T0202 S1200;	精镗孔
G00 X27. 0 Z2. 0;	
G01 Z0 F0. 1;	
G01 X24. 0 Z－1. 5;	
Z－20. 025;	
X20. 0;	
G00 Z100. 0;	
X100. 0;	
M30;	

任务测评

任务测评见表 8—11。

表 8—11 零件配分权重表

工件编号					得分		
项目与权重	序号	技术要求	配分		评分标准	检测记录	得分
			IT	*Ra*			
工件加工（75%）	1	$S\phi42 \pm 0.03$	5	2	超差不得分		
	2	$\phi36_{-0.025}^{0}$（3 处）	12	6	超差不得分		
	3	$\phi24_{-0.033}^{0}$（2 处）	8	4	超差不得分		
	4	$\phi27_{-0.033}^{0}$	5	2	超差不得分		
	5	锥度 1∶5	3	1	错误不得分		
	6	尺寸 5、8 和斜面（2 处）	4	2	错误不得分		
	7	$39_{0}^{+0.1}$	3		超差不得分		
	8	16 ± 0.035	3		超差不得分		
	9	7 ± 0.035	3		超差不得分		
	10	75 ± 0.05	3		超差不得分		
	11	倒角 *C*1.5（2 处）	2		错误不得分		
	12	*R*3	2		错误不得分		
	13	未注公差	5		超差不得分		
程序与加工工艺（25%）	14	程序格式规范	5		扣 1 分/处		
	15	程序正确、完整	10		扣 1 分/处		
	16	加工工艺正确	5		扣 1 分/处		
	17	安全文明生产	5		违规全扣		
合　计			100				

第四节　技能操作综合训练四

学习目标

1. 能编制一般轴类零件的数控车削加工程序，并能熟练操作机床加工零件。
2. 能进行径向直槽轴类零件的质量检验。

工作任务

如图 8—4 所示工件，试用数控车床 FANUC 0i 系统编写其加工程序并进行加工。

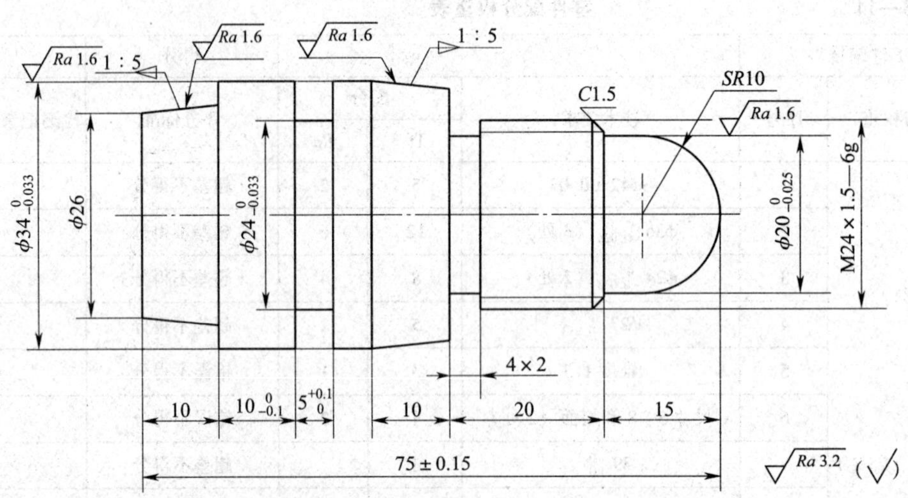

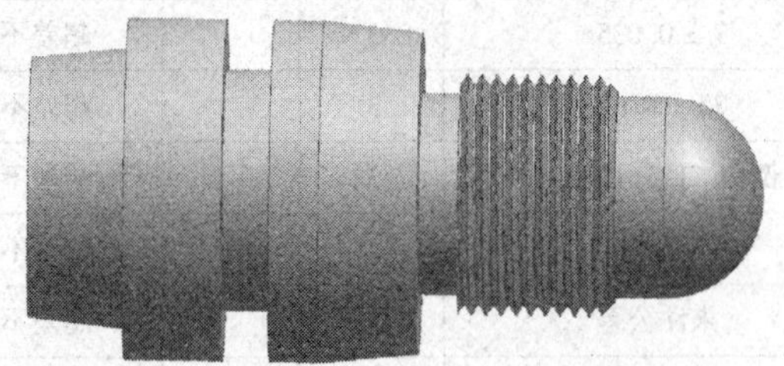

技术要求

1. 未注倒角处去毛刺。
2. 未注公差按IT11级精度加工。

图 8—4　球头连接轴零件图

任务准备

1. 选择机床

选用机床为 FANUC 0i 系统的 CKA6140 型数控车床。

2. 材料

毛坯尺寸为 $\phi45$ mm × 80 mm，材料为 45 钢。

3. 工具、量具、刀具

工具、量具及刀具清单见表 8—15。

表 8—12　　工具、量具及刀具清单

序号	名称	规格	数量	备注
1	95°外圆车刀	MVJNR－2020K16	1	
2	车槽刀	刀头宽 4 mm	1	
3	切断刀	刀宽＜5 mm，切深＜22 mm	1	
4	外螺纹车刀	M24×1.5	1	
5	游标卡尺	0.02/0～150	1	
6	外径千分尺	0.01/0～25	1	
7	外径千分尺	0.01/25～50	1	
8	游标深度尺	0.02/0～200	1	
9	内径百分表	0.01/18～35	1	
10	数显卡尺	0.01/0～150	1	
11	螺纹环规	M24×1.5—6H	1	
12	R 规	$R1$～$R6.5$、$R7$～$R14$、$R15$～$R25$、$R26$～$R80$	各 1	
13	其他	铜棒、铜皮、毛刷等常用工具		选用
		计算机、计算器、编程用书等		

一、加工工艺分析

1. 分析零件图样

(1) 尺寸精度

本工件中精度要求较高的尺寸主要有：外圆 $\phi34_{-0.033}^{0}$ mm、$\phi20_{-0.025}^{0}$ mm；螺纹 M24×1.5—6g；槽底径 $\phi24_{-0.033}^{0}$ mm；长度 75±0.15 mm、$5_{0}^{+0.1}$ mm、$10_{-0.1}^{0}$ mm 等。

对于尺寸精度要求，主要通过在加工过程中的准确对刀、正确设置刀补及磨耗，以及制定合适的加工工艺等措施来保证。

(2) 几何精度

本例中主要的几何精度是掉头以后零件的同轴度。

对于几何精度要求，主要通过调整机床的机械精度、制定合理的加工工艺及工件的装夹、定位与找正等措施来保证。

(3) 表面粗糙度

外圆表面粗糙度值要求为 $Ra1.6$ μm，螺纹、端面、槽等的表面粗糙度值为 $Ra3.2$ μm。

对于表面粗糙度要求，主要通过选用合适的刀具，正确的粗、精加工路线，合理的切削用量及冷却等措施来保证。

2. 编程原点的确定

由于工件在长度方向的尺寸精度要求较低，根据编程原点的确定原则，该工件的编程原点取在工件的左（右）端与主轴轴线相交的交点上。

3. 数控加工工艺过程

该工件数控加工工艺过程卡见表 8—13。

表 8—13　**数控加工工艺过程卡**

数控加工工艺过程综合卡		使用设备	夹具名称	零件名称	零件图号	材料
××× 数控车间		CKA6140	三爪自定心卡盘	球头连接轴	CX4	45
序号	工步内容及要求	工序简图			设备	工夹具
1	（1）车工艺外圆 （2）加工左端外圆和槽	Ra 1.6；1∶5；Ra 1.6；1∶5；$\phi24_{-0.033}^{0}$；$\phi26$；$\phi34_{-0.033}^{0}$；10；5；$5_{0}^{+0.1}$；$10_{-0.1}^{0}$；10；42			CKA6140	三爪自定心卡盘
2	加工右端外轮廓和螺纹	C1.5；SR10；Ra 1.6；$\phi20_{-0.025}^{0}$；M24×1.5—6g；4×2；20；15；75±0.15			CKA6140	三爪自定心卡盘
编制		审核		批准		共　页　第　页

4. 选择刀具及确定切削用量

通过以上分析，本工件的加工刀具及切削用量参数见表 8—14。

表 8—14　　数控加工刀具及切削用量参数明细表

工步号	工步内容	刀具号	刀具规格	主轴转速/(r/min)	进给量/(mm/r)	背吃刀量/mm
1	粗车左端外轮廓	T0101	MVJNR－2020K16	600	0.2	1.5
2	精车左端外轮廓	T0101	MVJNR－2020K16	1 200	0.1	0.25
3	粗加工槽	T0404	CFMR QA2020K04	400	0.05	—
4	精加工槽	T0404	CFMR QA2020K04	1 200	0.05	—
5	粗车右端外轮廓	T0101	MVJNR－2020K16	600	0.2	1.5
6	精车右端外轮廓	T0101	MVJNR－2020K16	1 200	0.1	0.25
7	加工退刀槽	T0404	CFMR QA2020K04	400	0.05	—
8	车三角螺纹	T0303	CER2020K16QHD	800	1.5	—
编制	审核		批准		共　页　第　页	

注：表中加工参数的确定，取决于实际加工经验、工件的加工精度及表面质量、工件的材料性质、刀具的种类及刀具形状、刀柄的刚度等诸多因素。

二、程序编制

程序	说明
O0001；	(左端加工程序)
M03 S600；	启动主轴，转速 600 r/min
T0101；	选择 1 号刀具 (95°外圆车刀)
G00 X46.0 Z2.0；	
G71 U1.5 R1.0；	设定 G71 粗加工参数
G71 P10 Q20 U0.5 W0.1 F0.2；	
N10 G00 X26.0 S1200；	精加工第一个程序段号
G42 G01 Z0 F0.1；	
X28.0 Z－10.0；	
X34.0；	
Z－30.0；	
X32.0 W－10.0；	
W－2.0；	
N20 G40 G01 X46.0；	精加工最后一个程序段号
G70 P10 Q20；	执行精加工
G00 X100.0 Z100.0；	退刀
T0404 S400；	换 4 号刀 (车槽刀)
G00 X36.0 Z－24.7；	粗加工中间直槽

续表

程序	说明
G01 X24.3 F0.05; G04 X0.5; G00 X36.0 S1200; Z-25.0; G01 X24.0 F0.05; W0.2; G04 X0.5; G00 X36.0; Z-24.0; G01 X24.0 F0.05; W-0.5; G04 X0.5;	精加工中间直槽
G00 X100.0; Z100.0;	退刀
M30;	程序结束
O0002;	（加工右端内外轮廓）
M03 S600;	启动主轴，转速 600 r/min
T0101; G00 X46.0 Z2.0;	选择 1 号刀具（95°外圆车刀）
G71 U1.5 R1.0; G71 P10 Q20 U0.5 W0.1 F0.2;	设定 G71 粗加工参数
N10 G00 X0 S1200; G42 G01 Z0 F0.1; G03 X20.0 Z-10.0 R10.0; G01 Z-15.0; X23.8 C1.5; Z-35.0;	精加工第一个程序段号
N20 G40 G01 X46.0;	精加工最后一个程序段号
G70 P10 Q20;	执行精加工程序
G00 X100.0 Z100.0;	退刀
T0404 S400; G00 X34.0 Z-35.0; G01 X20.0 F0.05; G04 X0.5; G00 X100.0; Z100.0;	选择车槽刀，转速 400 r/min
T0303 S800;	选择螺纹刀，加工三角螺纹
G00 X26.0 Z-10.0; G92 X23.5 Z-32.0 F1.5;	定位至螺纹加工起点

续表

程序	说明
X23.3; X22.7; X22.15; X22.05; G00 X100.0 Z100.0; M30;	

任务测评

任务测评见表 8—15。

表 8—15　　零件配分权重表

工件编号					得分		
项目与权重	序号	技术要求	配分		评分标准	检测记录	得分
			IT	*Ra*			
工件加工（75%）	1	*SR*10	5	2	超差不得分		
	2	$\phi34_{-0.033}^{0}$（2 处）	10	4	超差不得分		
	3	$\phi24_{-0.033}^{0}$	5	2	超差不得分		
	4	$\phi20_{-0.025}^{0}$	5	2	超差不得分		
	5	锥度 1:5（2 处）	10	2	错误不得分		
	6	M24×1.5—6g	8	2	超差不得分		
	7	$5_{0}^{+0.1}$	3		超差不得分		
	8	$10_{-0.1}^{0}$	3		超差不得分		
	9	75 ±0.15	3		超差不得分		
	10	退刀槽 4×2	2		错误不得分		
	11	倒角 *C*1.5	2		错误不得分		
	12	未注公差	5		超差不得分		
程序与加工工艺（25%）	13	程序格式规范	5		扣 1 分/处		
	14	程序正确、完整	10		扣 1 分/处		
	15	加工工艺正确	5		扣 1 分/处		
	16	安全文明生产	5		违规全扣		
合计			100				

第五节　技能操作综合训练五

学习目标

能编制一般轴类零件的数控车削加工程序，并能熟练操作机床加工零件。

工作任务

如图 8—5 所示工件，试用数控车床 FANUC 系统编写加工程序并进行加工。

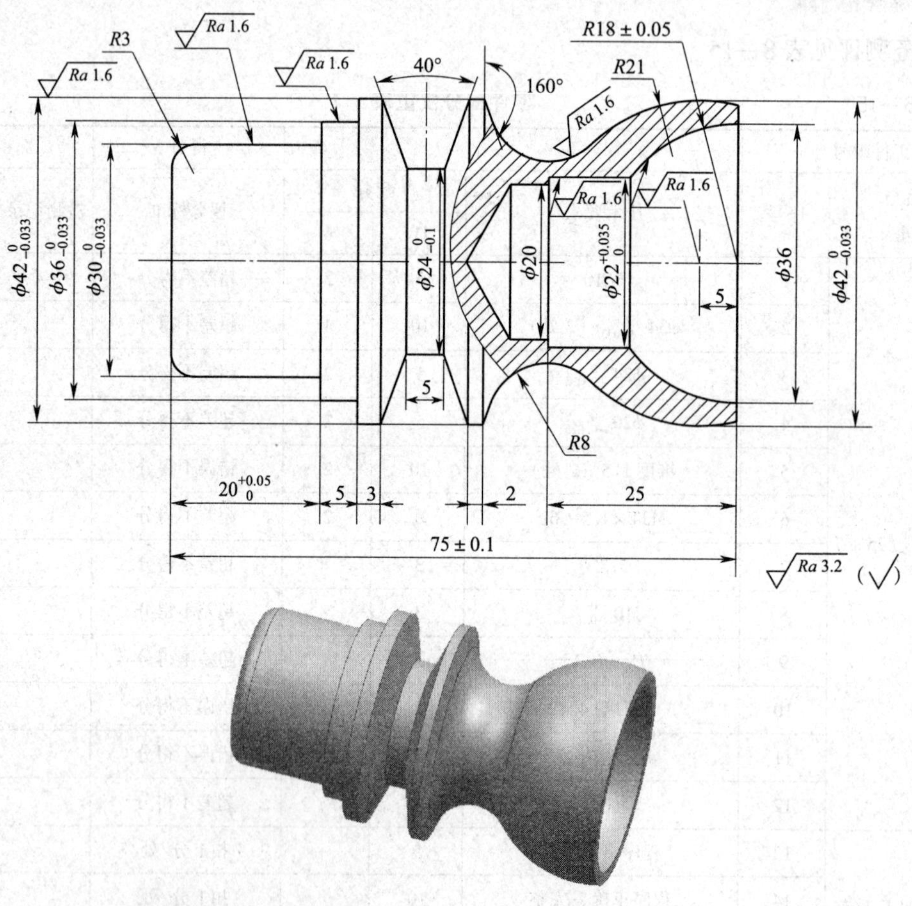

技术要求

1. 未注倒角处去毛刺。

2. 未注公差按IT11级精度加工。

图 8—5　连接轴零件图

任务准备

1. 选择机床

选用机床为 FANUC 0i 系统的 CKA6140 型数控车床。

2. 材料

毛坯尺寸 ϕ45 mm×80 mm，材料为 45 钢。

3. 工具、量具、刀具

工具、量具及刀具清单见表 8—16。

表 8—16　　工具、量具及刀具清单

序号	名称	规格	数量	备注
1	95°外圆车刀	WTJNR2020K16	1	
2	93°外圆车刀	SVJBR2020K16	1	35°副偏角
3	车槽刀	刀头宽 4 mm	1	
4	切断刀	刀宽 <5 mm，切深 <22 mm	1	
5	内孔车刀	孔径≥20 mm，孔深≤30 mm	1	
6	游标卡尺	0.02/0～150	1	
7	外径千分尺	0.01/0～25	1	
8	外径千分尺	0.01/25～50	1	
9	游标深度尺	0.02/0～200	1	
10	内径百分表	0.01/18～35	1	
11	数显卡尺	0.01/0～150	1	
12	R 规	R1～R6.5、R7～R14、R15～R25、R26～R80	各 1	
13	麻花钻及钻套	ϕ20 mm，L≤45 mm	1	
14	其他	铜棒、铜皮、毛刷等常用工具		选用
		计算机、计算器、编程用书等		

一、加工工艺分析

1. 分析零件图样

（1）尺寸精度

本工件中精度要求较高的尺寸主要有：外圆 $\phi42_{-0.033}^{0}$ mm、$\phi36_{-0.033}^{0}$ mm、$\phi30_{-0.033}^{0}$ mm；槽底径 $\phi24_{-0.1}^{0}$ mm；内孔 $\phi22_{0}^{+0.035}$ mm；长度 75 ± 0. 1 mm、$20_{0}^{+0.05}$ mm 等。

对于尺寸精度要求，主要通过在加工过程中的准确对刀、正确设置刀补及磨耗，以及制定合适的加工工艺等措施来保证。

（2）几何精度

本例中主要的几何精度是掉头以后零件的同轴度。

对于几何精度要求，主要通过调整机床的机械精度、制定合理的加工工艺及工件的装夹、定位与找正等措施来保证。

（3）表面粗糙度

外圆表面粗糙度值要求为 $Ra1.6$ μm，端面、车槽等的表面粗糙度值为 $Ra3.2$ μm。

对于表面粗糙度要求，主要通过选用合适的刀具，正确的粗、精加工路线，合理的切削用量及冷却等措施来保证。

2. 编程原点的确定

由于工件在长度方向的尺寸精度要求较低，根据编程原点的确定原则，该工件的编程原点取在工件的左（右）端与主轴轴线相交的交点上。

3. 数控加工工艺过程

该工件数控加工工艺过程卡见表 8—17。

表 8—17　　　　数控加工工艺过程卡

数控加工工艺过程综合卡		使用设备	夹具名称	零件名称	零件图号	材料
××× 数控车间		CKA6140	三爪自定心卡盘	连接轴	CX5	45
序号	工步内容及要求	工序简图			设备	工夹具
1	加工左端轮廓	3　5　$20_{0}^{+0.05}$　5　Ra 1.6　Ra 1.6　Ra 1.6　$\phi20$　$\phi24_{-0.1}^{0}$　$\phi30_{-0.033}^{0}$　$\phi36_{-0.033}^{0}$　$\phi42_{-0.033}^{0}$　$R3$　40°　44			CKA6140	三爪自定心卡盘

续表

数控加工工艺过程综合卡		使用设备	夹具名称	零件名称	零件图号	材料
××× 数控车间		CKA6140	三爪自定心卡盘	连接轴	CX5	45
序号	工步内容及要求	工序简图			设备	工夹具
2	加工右端轮廓	Ra 1.6 R18±0.05 R21 Ra 1.6 Ra 1.6 $\phi22^{+0.035}_{0}$ 5 $\phi36$ $\phi42^{0}_{-0.033}$ R8 25 75±0.1			CA6140	三爪自定心卡盘
编制		审核		批准		共　页　第　页

4. 选择刀具及确定切削用量

通过以上分析，本工件的加工刀具及切削用量参数见表 8—18。

表 8—18　　数控加工刀具及切削用量参数明细表

工步号	工步内容	刀具号	刀具规格	主轴转速/(r/min)	进给量/(mm/r)	背吃刀量/mm
1	钻孔	—	ϕ20 mm	500	手动	—
2	粗车左端 ϕ42 mm 外圆	T0101	MVJNR－2020K16	600	0.2	1.5
3	精车左端 ϕ42 mm 外圆	T0101	MVJNR－2020K16	1 200	0.1	0.25
4	粗加工槽	T0404	CFMR QA2020K04	400	0.05	—
5	精加工槽	T0404	CFMR QA2020K04	1 200	0.05	—
6	粗加工右端成形轮廓	T0303	SVJBR2020K	600	0.2	1.5
7	精加工右端	T0303	SVJBR2020K	1 200	0.1	0.25
8	粗镗孔	T0202	S16Q－SCLCR09B	600	0.2	1
9	精镗孔	T0202	S16Q－SCLCR09B	1 200	0.1	0.15
编制	审核		批准		共　页　第　页	

注：表中加工参数的确定，取决于实际加工经验、工件的加工精度及表面质量、工件的材料性质、刀具的种类及刀具形状、刀柄的刚度等诸多因素。

二、程序编制

程序	说明
O0001；	（左端加工程序）
M03 S600；	启动主轴，转速 600 r/min
T0101；	选择 1 号刀具（95°外圆车刀）
G00 X46.0 Z2.0；	
G71 U1.5 R1.0；	设定 G71 粗加工参数
G71 P10Q20 U0.5 W0.1 F0.2；	
N10 G00 X26.0 S1200；	精加工第一个程序段号
G42 G01 Z0 F0.1；	
G03 X30.0 Z-3.0 R3.0；	*R*3 倒圆
G01 Z-20.0；	
X36.0；	
W-5.0；	
X42.0；	
Z-44.0；	加工 ϕ42 mm 外圆
N20 G40 G01 X46；	精加工最后一个程序段号
G00 X100.0 Z100.0；	退刀测量
M05；	主轴停
M00；	程序暂停
M03 S1200；	启动主轴，转速 1 200 r/min
T0101；	执行刀补
G00 X46.0 Z2.0；	定位至精加工起点
G70 P10 Q20；	外轮廓精加工
G00 X100.0 Z100.0；	快速退刀
M05；	
M00；	
M03 S400；	转速 400 r/min
T0404；	选择 4 号刀具（车槽刀）
G00 X45.0；	快速定位至起点
Z-36.0；	粗加工梯形槽
G01 X24.3 F0.05；	
G00 X43.0；	
W0.8；	
G01 X24.3 F0.05；	
G00 X42.5；	

续表

程序	说明
Z－32.0；	
G01 X24.3 W－3.28 F0.1；	
G00 X43.5；	
Z－39.55；	
G01 X24.3 W3.28 F0.1；	
W0.9；	
G00 X43.0 S1200；	变速 1 200 r/min，精加工梯形槽
Z－39.55；	
G01 X42.0 F0.05；	
X24.0 W3.28；	加工左侧
G04 X0.5；	槽底延时
G00 X43.0；	
Z－28.0；	
G01 X42.0 F0.05；	
X24.0 W－3.28；	加工右侧
G04 X0.5；	槽底延时
G00 X100.0；	退刀
Z100.0；	
M30；	程序结束

O0002；	（右端加工程序）
M03 S600；	启动主轴，转速 600 r/min
T0303；	选择 3 号刀具（93°外圆车刀）
G00 X50.0 Z1.0；	
G73 U10.0 R8.0；	设定 G73 粗加工参数
G73 P10 Q20 U0.5 W0 F0.2；	
N10 G00 X40.8 S1200；	右端外轮廓加工程序
G42 G01 Z0 F0.1；	
G03 X30.48 Z－19.45 R21.0；	车 $R21$ 凸圆弧
G02 X42.0 Z－33.45 R8.0；	车 $R8$ 凹圆弧
N20 G40 G01 X46.0；	车锥面
G00 X100.0 Z100.0；	退刀
M05；	主轴停
M00；	程序暂停
M03 S1200；	启动主轴，转速 1 200 r/min
T0303；	执行 3 号刀补

续表

程序	说明
G00 X46.0 Z2.0;	定位至起点
G70 P10 Q20;	精加工轮廓
G00 X100.0 Z100.0;	退刀
T0202 S600;	换 2 号刀具镗孔，主轴转速 600 r/min
G00 X20.0 Z2.0;	快速定位
G71 U1.5 R0.5;	设置镗孔粗加工参数
G71 P30 Q40 U-0.3 W0 F0.2;	
N30 G00 X36 S1200;	右端内孔加工程序
G41 G01 Z0 F0.1;	定位
G03 X22.0 Z-14.25 R18.0 F0.1;	车 $R18$ 圆弧
G01 Z-25.0 F0.1;	车 $\phi22$ mm 孔
N40 G40 G01 X20.0;	
G70 P30 Q40;	精加工内孔
G00 Z100.0;	退刀
X100.0;	
M30;	程序结束

任务测评见表 8—19。

表 8—19　　零件配分权重表

工件编号					得分		
项目与权重	序号	技术要求	配分		评分标准	检测记录	得分
			IT	*Ra*			
工件加工（75%）	1	$\phi42_{-0.033}^{\ 0}$（2 处）	10	2	超差不得分		
	2	$\phi36_{-0.033}^{\ 0}$	5	2	超差不得分		
	3	$\phi30_{-0.033}^{\ 0}$	5	2	超差不得分		
	4	$\phi24_{-0.1}^{\ 0}$	5	2	超差不得分		
	5	$\phi42_{-0.033}^{\ 0}$	5	2	超差不得分		
	6	*R*21、*R*8 及直线相切过渡自然	8	2	错误不得分		
	7	40°梯形槽	4	2	错误不得分		
	8	$\phi22_{\ 0}^{+0.035}$	4	2	超差不得分		
	9	$20_{\ 0}^{+0.05}$	3		超差不得分		

续表

<table>
<tr><td colspan="2">工件编号</td><td colspan="3"></td><td>得分</td><td colspan="2"></td></tr>
<tr><td rowspan="2">项目与
权重</td><td rowspan="2">序号</td><td rowspan="2">技术要求</td><td colspan="2">配分</td><td rowspan="2">评分标准</td><td rowspan="2">检测记录</td><td rowspan="2">得分</td></tr>
<tr><td>IT</td><td>Ra</td></tr>
<tr><td rowspan="3"></td><td>10</td><td>75 ±0. 1</td><td>3</td><td></td><td>超差不得分</td><td></td><td></td></tr>
<tr><td>11</td><td>倒圆 R3</td><td>2</td><td></td><td>错误不得分</td><td></td><td></td></tr>
<tr><td>12</td><td>未注公差</td><td>5</td><td></td><td>超差不得分</td><td></td><td></td></tr>
<tr><td rowspan="4">程序与加工工艺
（25%）</td><td>13</td><td>程序格式规范</td><td>5</td><td></td><td>扣 1 分/处</td><td></td><td></td></tr>
<tr><td>14</td><td>程序正确、完整</td><td>10</td><td></td><td>扣 1 分/处</td><td></td><td></td></tr>
<tr><td>15</td><td>加工工艺正确</td><td>5</td><td></td><td>扣 1 分/处</td><td></td><td></td></tr>
<tr><td>16</td><td>安全文明生产</td><td>5</td><td></td><td>违规全扣</td><td></td><td></td></tr>
<tr><td colspan="3">合计</td><td colspan="2">100</td><td></td><td colspan="2"></td></tr>
</table>